Shamima Nasrin Asha
Raiyan Meem Saiem

Resposta do milho ao encharcamento

Shamima Nasrin Asha
Raiyan Meem Saiem

Resposta do milho ao encharcamento

Um estudo morfológico e bioquímico exaustivo

ScienciaScripts

Imprint

Cover image: www.ingimage.com

This book is a translation from the original published under ISBN 978-620-8-06470-9.

Publisher:
Sciencia Scripts
is a trademark of
Dodo Books Indian Ocean Ltd. and OmniScriptum S.R.L publishing group

120 High Road, East Finchley, London, N2 9ED, United Kingdom
Str. Armeneasca 28/1, office 1, Chisinau MD-2012, Republic of Moldova, Europe
Printed at: see last page
ISBN: 978-620-8-24030-1

Conteúdo

PREFÁCIO

As culturas de milho (Zea mays L.) são as culturas de cereais mais difundidas no mundo e servem não só como alimento, mas também são importantes para a alimentação do gado e para fins industriais. Mas há questões críticas relacionadas com a produção de milho e as formas abióticas de stress, como o encharcamento, são uma delas. O encharcamento, que se deve a chuvas fortes ou a instalações de drenagem deficientes, pode afetar drasticamente o crescimento e o rendimento do milho devido ao seu efeito na utilização adequada do oxigénio, na absorção de nutrientes e no crescimento geral da planta. Esta forma de stress também afecta o crescimento da planta e influencia as muitas actividades metabólicas que são essenciais para a sobrevivência e produtividade da planta. Numa zona com risco de encharcamento, compreender e melhorar a tolerância do milho ao encharcamento é essencial para garantir a segurança alimentar e a eficiência agrícola.

Este estudo visa reduzir a lacuna de conhecimentos através da avaliação do nível de tolerância ao encharcamento de diversos genótipos de milho a nível morfológico e bioquímico. O objetivo deste estudo é atingir este objetivo determinando o desempenho relativo de vários genótipos em condições de alagamento e estabelecendo os mecanismos que conferem tolerância ao stress hídrico às plantas.

Os resultados deste estudo serão úteis para a criação de novas variedades de milho mais tolerantes ao encharcamento, oferecendo assim novas oportunidades aos criadores de plantas, agrónomos e agricultores. Mais importante ainda, esta investigação faz avançar o objetivo maior de aumentar a produtividade das culturas na presença de condições adversas e, por conseguinte, melhorar a robustez dos sistemas agrícolas face aos impactos das alterações climáticas.

RESUMO

O milho (*Zea mays* L.) é uma das mais importantes culturas cerealíferas cultivadas em todo o mundo. O stress do encharcamento é uma das principais restrições à produção de milho nos sistemas agrícolas de sequeiro. O principal objetivo desta experiência foi investigar o efeito do encharcamento contínuo nas caraterísticas morfológicas e bioquímicas de genótipos de milho na fase vegetativa. Dez genótipos de milho foram tratados sem encharcamento (controlo) e com encharcamento contínuo de cinco centímetros de profundidade durante 10 dias. Os tratamentos foram aplicados às plantas aos 45 dias de idade. As pontuações visuais das lesões foliares da folha 4 (a folha mais nova é o ponto de referência) à folha 7 separaram os genótipos tolerantes dos susceptíveis. O stress por encharcamento reduziu significativamente o número total de vidas vivas e o teor de clorofila nos tecidos foliares dos genótipos susceptíveis. O estudo anatómico revelou que os genótipos de milho tolerantes produzem um grande número de células de aerênquima sob stress de encharcamento em comparação com os genótipos susceptíveis. O conteúdo de H2O2 aumentou significativamente nos genótipos susceptíveis Popcorn, BHM-7, BM-6 e BM-7 sob stress hídrico em comparação com o controlo. O componente principal 2 (PC2) indicou que o aumento da altura da planta nos genótipos BHM-14 e BHM-9 estava associado à tolerância ao encharcamento. No genótipo BHM-9, um conteúdo estável de H2O2 foi consistente com o aumento do conteúdo de APX de limpeza sob stress de encharcamento. Em contrapartida, várias caraterísticas morfológicas e bioquímicas expressaram-se de forma inversa nos genótipos BM-7 e BHM-7 em comparação com os genótipos tolerantes, indicando que estes eram os genótipos mais susceptíveis. Esta constatação seria útil para o desenvolvimento de genótipos de milho tolerantes ao stress de encharcamento.

Palavras chave: *Zea mays* L., encharcamento, morfologia, caraterísticas bioquímicas

CAPÍTULO 1

INTRODUÇÃO

O milho (*Zea mays* L.) é uma planta anual monóica que pertence à família das gramíneas Poaceae. Este cereal é referido como Cultura Milagrosa e Rainha dos Cereais devido à sua elevada produtividade, maior adaptabilidade em agro-ecologias variadas e imensa potencialidade genética em comparação com outros cereais (Mahesh *et al.*, 2013). É cultivado de 58°N a 40°S, desde abaixo do nível do mar até altitudes superiores a 3000 m, e em áreas com 250 mm a mais de 5000 mm de precipitação por ano (Shaw, 1988; Dowswell *et al.*, 1996) e com um ciclo de crescimento que varia de 3 a 13 meses (CIMMYT, 2000).

O milho (*Zea mays L.*) é uma das culturas cerealíferas mais cultivadas em todo o mundo. Em 2005-06, cerca de 98 mil hectares de terra foram cultivados com milho e foram produzidas 0,5 milhões de toneladas de milho (BBS, 2006). No ano de 2016-17, a cultura do milho ocupou cerca de 350 mil hectares com a produção de 302,6 mil toneladas métricas (BBS, 2017). Em dez anos, a área de cultivo aumentou três vezes devido à sua procura. Espera-se que a procura de milho como cultura duplique no mundo em desenvolvimento até 2050 e prevê-se que seja a cultura de maior produção a nível mundial e no mundo em desenvolvimento até 2025 (Rosegrant e Agcaoili, 2010). O rendimento médio desta cultura é de 7,3 t ha^{-1} , o que é comparativamente inferior ao de outros países produtores de milho do mundo (BBS, 2017). No ano de 2018-19, o mercado mundial de produção de milho foi de 1130 milhões de toneladas (GMR, 2020). Cerca de 70% da área mundial de cultivo de milho situava-se nos países em desenvolvimento, que contribuem com 49% da produção mundial de milho, mas quase metade da colheita mundial (42,5%) provém dos Estados Unidos (FAOSTAT, 2017).

O milho (*Zea mays* L.) é cultivado em diversas zonas agro-climáticas que vão desde as regiões subtropicais às regiões temperadas mais frias. Por conseguinte, a cultura está inevitavelmente exposta a vários tipos de stress biótico e abiótico (Zubairi *et al.*, 2012). Nos últimos anos, o crescimento e o rendimento das cultivares de milho foram afectados negativamente pelos principais stresses abióticos. Os stresses abióticos ambientais, como a seca, a submersão ou o encharcamento, a salinidade elevada e as temperaturas extremas, comprometem gravemente a produção e a produtividade das culturas (Bray *et al.*, 2000). O encharcamento tornou-se cada vez mais uma das principais restrições que afectam o rendimento das culturas em todo o mundo (Du *et al.*, 2017). Como uma das culturas mais importantes, o milho é frequentemente cultivado em arrozais mal drenados ou convertidos, sofrendo de stress de encharcamento na estação das chuvas (Amin *et al.*, 2014). Na região das monções da Ásia, o alagamento do solo durante o final da primavera e o início do verão é uma das principais fontes de stress ambiental para o milho de verão (Mano *et al.*, 2006). O encharcamento, causado por inundações contingentes, precipitação contínua associada a uma drenagem inadequada ou a um lençol freático elevado, é um dos principais condicionalismos da produção de milho. Só no Sul e Sudeste Asiático, mais de 18% das áreas totais de cultivo de milho são frequentemente afectadas por inundações e problemas de alagamento (Zaidi *et al.*, 2009). O alagamento afecta fortemente o desempenho agronómico e o rendimento do milho (Osman *et al.*, 2013).

A humidade excessiva ou o encharcamento conduzem a uma redução das trocas gasosas entre os tecidos radiculares e a atmosfera, porque a taxa de difusão dos gases no solo inundado é aproximadamente 100 vezes inferior à do ar (Zaidi *et al.*, 2009). A respiração das raízes das plantas, da microflora e da fauna do solo leva a um rápido esgotamento do oxigénio do solo, resultando em hipoxia seguida de anoxia em poucas horas (Gambrell e Patrick 1978). Ao contrário das plantas de arroz, as plantas de milho não têm espaços de ar naturais nas suas raízes. Por conseguinte, como resultado do declínio gradual do oxigénio, as raízes das plantas sofrem hipoxia (pouco oxigénio) seguida de anoxia (ausência de oxigénio) quando confrontadas com um excesso de humidade prolongado (>3 dias) no solo (Dennis *et al.*, 2000; Zaidi e Singh, 2002). No entanto, a extensão dos danos causados pelo stress hídrico varia significativamente com o estádio de desenvolvimento da cultura. O milho é comparativamente mais suscetível ao encharcamento desde a fase inicial de plântula até à fase de borla (Zaidi *et al.*, 2004). O stress por encharcamento, tal como outros stresses abióticos, também conduz ao stress oxidativo através de um aumento das espécies activas de oxigénio (AOS), como o superóxido (O_2^{-}.), o oxigénio singlete ($^{1}O_2$), o peróxido de hidrogénio (H_2O_2) e os radicais hidroxilo ($OH^{\cdot}$) (Subbaiah e Sachs, 2003; Liao e Lin, 2003; Zhang *et al.*, 2003; Jackson e Colmer, 2005). Os AOS estão presentes nas plantas em vários níveis como resultado do metabolismo aeróbico normal e contribuem significativamente para os danos causados pelo alagamento (Kuk *et al.*, 2003). Os AOS são altamente reactivos e podem alterar o metabolismo celular normal através de danos oxidativos nos lípidos, proteínas e ácidos nucleicos (McKersie e Leshem, 1994; Alscher *et al.*, 1997; Imlay, 2003; de Azevedo Neto *et al.,* 2006). No entanto, todas as plantas têm a capacidade de desintoxicar os efeitos adversos das espécies reativas de oxigénio (ROS), produzindo diferentes tipos de antioxidantes, tais como ascorbato peroxidase (APX), superóxido dismutase (SOD), peroxidase (POD), catalase (CAT), glutationa redutase (GR), ácido ascórbico, glutationa, tocoferóis e carotenoides (Biswas e Kalra, 2018). Além disso, foi observada uma variabilidade genética significativa na tolerância do milho ao stress do encharcamento (Zaidi *et al.,* 2002, 2003, 2007a). O alagamento é uma ameaça potencial entre os stresses abióticos, que tende a ser muito frequente e imprevisível devido ao efeito adverso das alterações climáticas. As plantas sujeitas a condições de encharcamento tendem a sobreviver através de uma série de adaptações bioquímicas, fisiológicas, anatómicas e morfológicas. Assim, técnicas de rastreio adequadas, caraterísticas morfo-fisiológicas associadas à tolerância e identificação de genótipos promissores são a condição prévia para o êxito de qualquer programa de melhoramento. A identificação e o desenvolvimento de genótipos capazes de resistir a condições de alagamento poderiam constituir uma abordagem ideal e económica, adequada para os produtores de milho que não dispõem de recursos suficientes nas regiões subtropicais. As técnicas de seleção adequadas, as caraterísticas morfo-fisiológicas associadas à tolerância e a identificação de genótipos promissores são os principais obstáculos (Zaidi e Singh, 2001). Por conseguinte, é muito importante realizar uma experiência para selecionar genótipos tolerantes ao encharcamento com vista a aumentar a produção total de milho no Bangladesh. Assim, este estudo foi concebido para explorar os genótipos tolerantes ao encharcamento em fases iniciais, o que poderá ser útil para identificar genótipos tolerantes e desenvolver, no futuro, variedades de milho tolerantes ao encharcamento.

O trabalho foi realizado com o seguinte objetivo:

- Seleção de genótipos de milho tolerantes ao encharcamento a partir de abordagens morfológicas e bioquímicas

CAPÍTULO 2

REVISÃO DA LITERATURA

2.1 Biologia do milho

O milho é uma planta anual C_4 cuja altura varia entre 1 e 4 metros, produzindo folhas grandes, estreitas e opostas, que se alternam ao longo do comprimento de um caule sólido. A raiz do milho pode crescer até 60 cm de profundidade e ramifica-se lateralmente em solos favoráveis (Jahan, 2016). As plantas têm espiguetas estaminadas. As espiguetas são longas como racemos que formam panículas terminais grandes e espalhadas (borlas) e inflorescências pistiladas nas axilas das folhas; as espiguetas ocorrem nas axilas em 8 a 16 filas, com aproximadamente 30 axilas de comprimento, num eixo espessado, quase lenhoso (espiga) (Hitchcock e Chase, 1971). O sabugo é coberto por várias camadas de folhas, que se encontram próximas do caule e que não se mostram facilmente até à emergência das sedas amarelo-claras do verticilo foliar na extremidade da espiga. O grão de milho é botanicamente uma cariopse, um fruto seco que contém uma única semente fundida nos tecidos internos da caixa do fruto. Normalmente, o milho é uma cultura de polinização cruzada. O milho regista cerca de 5% de autopolinização (Sleper e Poehlman, 2006). O pólen é libertado continuamente durante uma semana ou mais em cada planta, começando aproximadamente 1 a 3 dias antes da emergência da seda (Paliwal, 2000; Sleper e Poehlman, 2006).

2.2 Stress por encharcamento

A agricultura em todo o mundo é constantemente desafiada pelo aumento da incidência de fenómenos meteorológicos adversos em consequência do aquecimento global. Os fenómenos extremos que alteram a disponibilidade de água, como as secas e as inundações, constituem grandes ameaças à segurança alimentar (FAO, 2017). A interação das plantas com o ambiente é um processo contínuo em que a água desempenha um papel central. À escala global, indicadores como a evapotranspiração potencial e o número de dias de chuva por ano (quantidade e ocorrência temporal da precipitação) determinam diretamente a distribuição das plantas e a riqueza das espécies num contexto geográfico (Kreft e Jetz, 2007). As alterações climáticas globais resultam em inundações frequentes em diferentes regimes inesperados do mundo, o que provoca alterações nos ecossistemas naturais. Supõe-se que a distribuição das plantas se altere devido a condições de alagamento e que as inundações/alagamentos extremos e graduais/frequentes provoquem a extinção de espécies vegetais (Bailey-Serres e Voesenek, 2008). Com base na altura da coluna de água produzida, a inundação pode ser classificada como encharcamento, quando é superficial e cobre apenas a raiz, ou como submersão, quando a água cobre completamente os tecidos aéreos da planta (Sasidharan *et al.,* 2017). O encharcamento ou a submersão ocorrem quando a água entra na superfície do solo mais rapidamente do que pode escoar por gravidade. A entrada de água está a aumentar em certas partes do mundo devido às alterações climáticas. Os sistemas de irrigação intensiva e em grande escala também podem aumentar a incidência de encharcamento devido à subida do nível freático. A alteração do padrão de utilização dos solos também pode contribuir para o alagamento. Ambos os tipos de inundações perturbam o movimento do oxigénio do ar para os tecidos vegetais, produzindo uma condição natural conhecida como hipoxia (<21% O_2) (Sasidharan *et al.,* 2017). Existem mais de 300 000 espécies de plantas em todo o mundo. Muitas delas enfrentam encharcamento em certa parte do seu ciclo de vida. Tal como outros organismos aeróbicos, o oxigénio (O_2) é o requisito necessário para manter a vida das plantas terrestres. As condições de encharcamento diminuem o O_2 disponível para as plantas (Capon *et al.*, 2009). As inibições da respiração, juntamente com a produção de compostos tóxicos, prejudicam potencialmente os processos metabólicos das plantas que crescem em condições de encharcamento. O crescimento atrofiado e a biomassa reduzida foram registados em plantas que crescem em ambiente alagado. A alteração da condutividade hidráulica das raízes, a interceção da luz, a condutância estomática, a assimilação de CO_2, a redução drástica da fotossíntese, a alteração da respiração e a produção de uma série de metabolitos secundários são responsáveis pela redução do potencial de crescimento das plantas e pela redução da sua produtividade sob stress de encharcamento (Ashraf, 2012). As condições de encharcamento causam deficiência de oxigénio, deficiência de luz, alteração da condutância estomática e assimilação de CO_2, o que resulta na produção excessiva de espécies reactivas de oxigénio (ROS), incluindo superóxido (Oi^{*-}), peróxido de hidrogénio (H_2O_2) e radical hidroxilo (OH*), que são responsáveis por danos foto-oxidativos (Yordanova *et al.*, 2004). Os efeitos do encharcamento nas culturas de inverno são geralmente vistos como crescimento reduzido e clorose das folhas mais velhas (Jackson, 2013) devido a actividades fisiológicas prejudicadas. O encharcamento é uma ameaça potencial entre os stresses abióticos, que tende a ser muito frequente e imprevisível devido ao efeito adverso das alterações climáticas. O desenvolvimento de espécies vegetais tolerantes ao encharcamento é muito importante para manter a produtividade das plantas e satisfazer a procura de alimentos, outros produtos e serviços derivados das plantas.

2.3 Efeito do encharcamento no milho

O excesso de precipitação, as marés, as inundações e a falta de instalações de drenagem adequadas são as razões que provocam o stress do encharcamento nas plantas. O principal efeito do encharcamento nas plantas cultivadas é a anoxia ou privação de oxigénio. As plantas necessitam de oxigénio para vários processos inevitáveis, incluindo a divisão e o crescimento celular, a respiração e a absorção e transporte de nutrientes. A clorose, a necrose, a desfoliação, a redução do crescimento, a redução da fixação de N, a perda de rendimento e a morte das plantas são efeitos do stress do alagamento nas plantas que ocorrem frequentemente em várias fases vegetativas e reprodutivas (Hasanuzzaman *et al.*, 2016).

2.3.1 Efeito no crescimento

A redução da taxa de crescimento é um dos principais efeitos do encharcamento. A condição de encharcamento afecta dramaticamente o crescimento, o desenvolvimento e a sobrevivência das plantas de várias formas (Parent *et al.*, 2008). A altura e o diâmetro da planta, o número de folhas e o período total de crescimento da planta de milho foram severamente afectados pelo encharcamento (2 cm de água parada) (Ali *et al.*, 1999). O alagamento a longo prazo induziu clorose, aborto de flores e redução do tempo de maturação. Lone e Warsi (2009) demonstraram que a altura da planta e a altura da espiga do milho foram severamente afectadas pelo alagamento. Quase todos os genótipos testados apresentaram redução na altura da planta devido ao alagamento. Ren *et al.* (2014) realizaram um estudo num campo para elucidar as respostas do encharcamento em diferentes fases de crescimento e reprodução do milho de verão e observaram que o encharcamento afectava negativamente o crescimento e o desenvolvimento geral da cultura.

2.3.2 Efeito sobre a fisiologia e o metabolismo

A fisiologia e o metabolismo das plantas são perturbados em condições de encharcamento. A condutância estomática prejudicada, as trocas gasosas, a assimilação de CO_2 e a condutividade hidráulica das raízes são algumas das principais consequências das plantas encharcadas (Ashraf, 2012). Lone e Warsi (2009) observaram que o stress do alagamento tinha um grande impacto em algumas caraterísticas fisiológicas de algumas culturas. As inundações induzem frequentemente o fecho dos estomas, sobretudo em plantas C3 (Akhtar e Nazir, 2013), o que prejudica a taxa de fotossíntese. O stress provocado pelas cheias envolve diferentes situações de stress para a vegetação. A profundidade e a duração da água durante a inundação determinam a intensidade do stress causado pela inundação. As espécies de plantas tolerantes podem sobreviver em condições de inundação/alagamento através da oxigenação dos tecidos submersos (raízes e rebentos) e das folhas acima da água, continuando a fixar o carbono. A absorção de CO_2 para a fixação de carbono é mantida em dias amenos através da condutância estomática ativa, apesar de o fecho dos estomas regular a homeostase hídrica das plantas em condições de evaporação atmosférica elevada, o que ajuda a manter o equilíbrio entre a absorção de água e a perda por transpiração. Zaidi *et al.* (2003) realizaram uma experiência durante a estação chuvosa de verão (kharif) em ambiente controlado (estufa), seguida de condições de campo, para avaliar os efeitos do stress do excesso de humidade do solo (ESM) no milho (*Zea mays* L.) e para avaliar a base morfo-fisiológica/metabólica da tolerância ao stress. Concluíram que a tolerância ao ESM se baseava principalmente no mecanismo de prevenção do stress através de um metabolismo anaeróbico e de disposições alternativas, como o desenvolvimento de raízes em cinta para evitar condições de anoxia.

2.3.3 Efeito nas alterações anatómicas

Em condições de inundação/encharcamento, as plantas iniciam raízes adventícias, lenticelas hipertrofiadas e/ou aerênquima (Ashraf, 2012) para se adaptarem às condições desfavoráveis. Embora as funções fisiológicas exactas das lenticelas ainda não sejam claras, a sua relação com a tolerância ao encharcamento nas plantas é evidente (Parelle *et al.*, 2006). Pensa-se que as lenticelas desempenham um papel na difusão de O_2 e de diferentes substâncias gasosas envolvidas no metabolismo anaeróbico, incluindo C_2H_2, CO_2 e CH_4. As plantas expostas ao encharcamento resultaram numa redução distinta do diâmetro da raiz seminal, do diâmetro do estelo e da espessura do córtex (Grzesiak *et al.*, 1999). Entre os diferentes mecanismos de manutenção da função radicular das plantas sob stress de inundação, a fundação de barreiras de difusão tangencial é muito importante devido à redução do O_2 radial das raízes do solo encharcado (Sauter, 2013). No entanto, a manutenção de O_2 nas células é necessária para a sobrevivência, onde o aerênquima desempenha um papel importante na alocação de O_2 da parte aérea para a raiz. O alagamento aumenta a construção de tecido aerenquimatoso tanto em espécies de terras húmidas como de terras secas (Colmer e Voesenek, 2009; Shiono *et al.*, 2011), o que as torna adaptativas em condições de alagamento (Striker, 2012).

2.3.4 Efeito no rendimento

Exceto no caso de algumas plantas que gostam de água, ocorre uma redução significativa do rendimento devido a inundações ou encharcamento. O encharcamento em qualquer fase de crescimento da planta acaba por prejudicar o seu rendimento. Lone e Warsi (2009) observaram que o rendimento do grão de milho apresentava uma redução drástica em condições de excesso de humidade no solo, tanto no inverno como no verão. No ensaio de inverno, o rendimento global foi mais elevado em todos os genótipos em ambos os conjuntos de experiências, mas ainda assim a perda de rendimento (%) foi mais elevada. A redução de rendimento varia de 19% no YHPP45 (genótipo tolerante) a 53% no Pop 3121*YHPP45. No caso do ensaio de verão, os rendimentos globais foram inferiores, mas a maior redução de rendimento (66%) foi detectada no Tarun 83 (genótipo suscetível), e a menor redução (2%) foi detectada no genótipo YHPP45. Rasaei *et al.* (2012) mostraram uma diferença significativa entre todas as durações (10, 20 e 30 dias) das tensões de encharcamento no trigo. A redução do rendimento até 20 dias foi razoável, mas 30 dias de encharcamento diminuíram o rendimento para 45% em comparação com condições bem drenadas. O rendimento do trigo em condições sem encharcamento e com 10, 20 e 30 dias de encharcamento foi de 7518,4 kg ha^{-1} , 6 815,5 kg ha^{-1} , 5 587 kg ha^{-1} , e 4 138,6 kg ha^{-1} , respetivamente. Ren *et al.* (2014) realizaram uma experiência no campo para estudar os efeitos do encharcamento por diferentes durações (3 e 6 dias) no rendimento e crescimento do milho de verão no estádio de três folhas (V3), no estádio de seis folhas (V6) e no décimo dia após o estádio de desponta (10VT). Os resultados após 2 anos indicaram que as respostas do desenvolvimento do milho e do rendimento do grão ao encharcamento dependiam tanto da gravidade do stress (intensidade e duração) como das diferentes fases de crescimento. O rendimento diminuiu significativamente com o aumento da duração do encharcamento durante V3 e V6. Os rendimentos do híbrido de milho Denghai605 (DH605) nos tratamentos V3-3, V3-6, V6-3, V6-6, 10VT-3 e 10VT-6 foram 23%, 32%, 20%, 24%, 8% e 18% inferiores aos do controlo, respetivamente; os rendimentos do Zhengdan 958 (ZD958) diminuíram 21%, 35%, 15%, 33%, 7% e 12%, respetivamente, em comparação com o controlo, sob os mesmos tratamentos.

Ren *et al.* (2013) realizaram uma experiência com milho de verão e verificaram que os rendimentos do milho híbrido Denghai 605 (DH605) nos tratamentos V3-3, V3-6, V6-3, V6-6, 10VT-3 e 10VT-6 foram 23, 32, 20, 24, 8 e 18% inferiores aos do controlo (CK), respetivamente; os rendimentos do Zhengdan 958 (ZD958) foram inferiores em 21, 35, 15, 33, 7 e 12%, respetivamente. O encharcamento também afectou o crescimento e o desenvolvimento do milho de verão. As caraterísticas da espiga (grãos por espiga e peso de 1000 grãos) e a morfologia da planta (altura da planta, altura da espiga e índice de área foliar) diminuíram, enquanto o comprimento da ponta calva aumentou significativamente. A taxa máxima de enchimento de grãos diminuiu sob encharcamento; além disso, a acumulação de matéria seca diminuiu e as proporções de distribuição de matéria seca do caule e da folha aumentaram.

2.4 Adaptação do milho ao encharcamento

2.4.1 Adaptação morfológica

As plantas apresentam uma série de adaptações morfológicas nas suas diferentes fases de crescimento em condições de stress por inundação. As sementes de arroz são capazes de germinar anaerobicamente. Após a germinação, o coleóptilo das plântulas de arroz alonga-se rapidamente para evitar a condição anaeróbica derivada de condições de alagamento (Magneschi e Perata, 2009). A formação de raízes adventícias é uma das principais respostas de adaptação ao stress de inundação. As variedades de plantas tolerantes caracterizam-se por uma maior geração de raízes adventícias, em comparação com as variedades de plantas susceptíveis. As plantas *de Zea mays* expostas ao alagamento apresentaram uma redução do diâmetro da raiz seminal (Grzesiak *et al.*, 1999). Observam-se alongamentos rápidos de rebentos e folhas submersos em plantas afectadas por inundações, o que leva as plantas a entrar em contacto com o ar para atenuar a deficiência de oxigénio (Jackson, 2008).

2.4.2 Adaptação anatómica

A formação de espaços internos de gás ou aerênquima é uma das caraterísticas adaptativas mais comuns das plantas, tanto em situações de encharcamento como de inundação, que facilita. O fluxo e a distribuição de oxigénio da raiz para o rebento (Colmer e Voesenek, 2009; Shiono *et al.*, 2011). O aerênquima lisígeno nas raízes é gerado pela acumulação de etileno com subsequente morte celular programada (Shiono *et al.*, 2008). As raízes adventícias geram-se perto da superfície da água, onde o caule produz aerênquima para obter oxigénio (Suralta e Yamauchi, 2008). A porosidade das raízes de algumas espécies de plantas em condições de inundação pode ser aumentada até 53% para facilitar a entrada de oxigénio (Justin e Armstrong, 1987). As plantas que crescem em condições de alagamento caracterizam-se por um início de lenticelas hipertrofiadas (Ashraf, 2012). O desenvolvimento de lenticelas nas plantas melhorou a sua tolerância ao encharcamento. Acredita-se que as lenticelas estejam envolvidas na difusão descendente de O_2 e no transporte de subprodutos do metabolismo anaeróbico, como etanol, CO_2 e CH_4 (Parelle *et al.*, 2006). Foram registadas reduções no diâmetro do estelo e na espessura do córtex em plantas de Z. mays expostas a encharcamento (Grzesiak *et al.*, 1999).

Mano et al. (2016) realizaram uma experiência utilizando um parente selvagem do milho, o teosinte *Zea nicaraguensis* Iltis e Benz (Poaceae), como recurso de germoplasma tolerante a inundações devido ao seu habitat único. Nos seus estudos, *Z. nicaraguensis* mostrou uma elevada tolerância às inundações e possuía caraterísticas morfológicas e fisiológicas únicas relacionadas com a tolerância às inundações (Mano e Omari, 2007). Essas caraterísticas incluem a capacidade de formar aerênquima constitutivo, tolerância à inundação e a capacidade de formar raízes adventícias na superfície do solo durante a inundação (Mano et al., 2009). Também obtiveram informações sobre os locus de caraterísticas quantitativas (QTL) relativos a caraterísticas relacionadas com a tolerância ao alagamento e foram desenvolvidas linhas quase isogénicas contendo um ou mais QTL para várias caraterísticas como a capacidade de formar aerênquima constitutivo, a tolerância ao alagamento em condições de solo reduzido e a capacidade de formar raízes adventícias à superfície do solo durante o alagamento.

2.4.3 Adaptação bioquímica

Ao contrário de outros stresses, a inundação ou o encharcamento conduzem a uma privação de oxigénio nas plantas e criam hipoxia ou anoxia. As adaptações morfológicas e anatómicas estão associadas a uma série de alterações bioquímicas nas células vegetais que as tornam tolerantes ao excesso de stress hídrico. Em condições de carência de oxigénio, as actividades metabólicas são afectadas negativamente; na maioria dos casos, a planta muda o seu metabolismo para o modo anaeróbico. Bajpai e Chandra (2015) indicaram que a prolina (Pro) pode ser um dos mecanismos bioquímicos de adaptação das plantas em condições de encharcamento. Na sua experiência, observaram um aumento acentuado do teor de Pro após 96 h de encharcamento, em comparação com o controlo. Além disso, o genótipo tolerante apresentou uma maior acumulação de Pro, em comparação com os sensíveis. O aumento do teor de proteínas solúveis induzido pelo alagamento é observado no milho (Rai *et al.*, 2004).

A quantidade excessiva de ROS no interior das células vegetais gerada devido ao stress por encharcamento deve ser mantida num estado de equilíbrio para continuar os processos metabólicos normais da célula vegetal. Um desequilíbrio entre a eliminação de ROS pelo sistema de defesa antioxidante da planta e a produção de ROS pode resultar numa acumulação excessiva de ROS na célula vegetal (Irfan *et al.*, 2010). O sistema de defesa antioxidante das plantas inclui os antioxidantes enzimáticos, ou seja, CAT, SOD, ascorbato peroxidase (APX), monodehidro ascorbato redutase (MDHAR), dehidro ascorbato redutase (DHAR), glutationa S-transferase (GST), glutationa redutase (GR) e peroxidase (POX) e antioxidantes não enzimáticos, ou seja glutationa (GSH), ascorbato (AsA), tocoferóis e carotenóides (Apel e Hirt, 2004; Hasanuzzaman *et al.*, 2012; Khan e Khan, 2014; Khan *et al.*, 2014, 2015, 2016 a, b). Em muitas plantas, a ativação da defesa antioxidante foi considerada como um dos principais mecanismos adaptativos pré-requisitos sob stress de alagamento. Foram registados aumentos nas actividades de diferentes enzimas em plântulas *de Z. mays* quando sujeitas a diferentes graus de stress por encharcamento (Bin *et al.*, 2010). Em *O. sativa*, a tolerância ao stress de submersão (8 dias) foi positivamente correlacionada com a capacidade do sistema de defesa antioxidante (Damanik *et al.*, 2010). Foram observadas actividades mais elevadas de SOD, CAT, APX e GR nas variedades tolerantes, em comparação com as variedades susceptíveis. Resultados semelhantes foram também observados por Bin *et al.* (2010) em plântulas de *Z. mays*. Zhang *et al.* (2007) referiram que o aumento das actividades da POX e da CAT foi considerado como uma caraterística das espécies vegetais tolerantes em condições de stress por alagamento, o que lhes permite protegerem-se contra o stress oxidativo.

Tang *et al.* (2010) realizaram uma experiência para melhor compreender os mecanismos fisiológicos e bioquímicos da tolerância ao encharcamento. Os efeitos do encharcamento na peroxidação lipídica e a atividade das enzimas antioxidativas foram investigados em folhas e raízes de dois genótipos de milho, HZ32 (tolerante ao encharcamento) e K12 (sensível ao encharcamento). Comparando as actividades da superóxido dismutase (SOD), da ascorbato peroxidase (APX), da glutationa redutase (GR), da catalase (CAT) e da guaiacol peroxidase (POD) entre os genótipos tolerante e sensível ao encharcamento, deduziu-se que a CAT era a enzima de eliminação de H2O2 mais importante nas folhas, enquanto a APX parecia desempenhar um papel fundamental nas raízes. As actividades da POD, APX, GR e CAT, em conjunto com a SOD, parecem desempenhar um papel protetor essencial no processo de eliminação de O2^_ e H2O2. Os seus resultados indicam que o stress oxidativo pode desempenhar um papel importante nas plantas de milho sujeitas a encharcamento e que a maior proteção das folhas e raízes da HZ32 contra os danos oxidativos induzidos pelo encharcamento resulta, pelo menos em parte, da manutenção de uma maior atividade das enzimas antioxidantes.

2.4.4 Metabolismo das ROS sob stress oxidativo de alagamento

O stress por encharcamento provoca danos oxidativos devido à geração de ERO (Bowler *et al.*, 1992; Sairam e Srivastva, 2002; Blokhina *et al.*, 2003). Em condições de encharcamento, a cadeia de transporte de electrões fotossintéticos (ETC) fica sobre-reduzida, provocando a produção de várias ERO e, consequentemente, o stress oxidativo (Ahmed *et al.*, 2002). A produção de ROS ocorre através de diferentes mecanismos, por exemplo, quando as moléculas do sistema aeróbico entram em contacto com as radiações ionizantes; esta interação resulta na produção de ROS. O fluxo de electrões através da CTE pode escapar da sua rota apropriada e, na ausência de qualquer aceitador de electrões, estes electrões reagem com o oxigénio para produzir ROS (Ashraf, 2009). Diferentes organelos celulares, como as mitocôndrias, os cloroplastos e os peroxissomas, são conhecidos como locais de produção de ERO (Sairam e Srivastva, 2002). Tanto o alagamento como a inundação criam um ambiente anaeróbico que, por sua vez, conduz a condições hipóxicas e anóxicas para as plantas e, consequentemente, produzem ROS em transição que é muitas vezes superior às condições normais de crescimento, causando danos graves às células vegetais (Ashraf, 2009; Irfan *et al.*,

2010). O OH e o seu produto de dismutação, H_2O_2, podem atacar diretamente os lípidos da membrana, resultando num teor mais elevado de malondialdeído (MDA), e também inativar as enzimas que contêm SH (Ahmed *et al.*, 2002; Hossain *et al.*, 2009). Um nível elevado de H2O2 também pode inibir as actividades do ciclo de Calvin (Ashraf, 2012). O estado de encharcamento afecta a absorção de nutrientes e de água pelas plantas. Como resultado, as plantas apresentam murchidão mesmo em ambientes com excesso de água. Com o encharcamento, o oxigénio torna-se indisponível para as plantas (Sairam *et al.*, 2008).

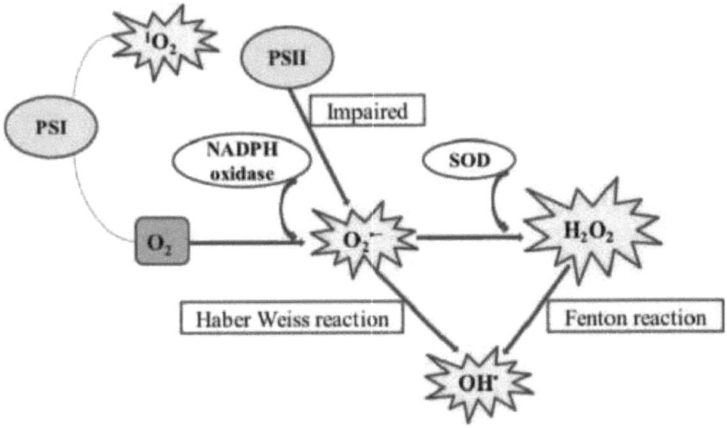

Figura 2.1 Produção de ROS ($^1O_2$, O2^˙ , e H_2O_2) sob stress hídrico (Khan e Khan, 2017)

2.5 Estudos de correlação no milho

No estudo de correlação, é efectuada a medição de duas variáveis e a avaliação da relação estatística entre as variáveis sem influência de qualquer variável estranha. Para escolher os critérios de seleção adequados para melhorar o rendimento, os estudos de correlação entre diferentes caracteres que contribuem para o rendimento são importantes. Rahman *et al.* (2015) relataram que foram encontradas associações significativas e positivas para a altura da planta com o rendimento por planta e o diâmetro da espiga com o comprimento da espiga, associação negativa para o número de grãos por espiga com o peso de 1000 grãos para sete caracteres de atribuição de rendimento de nove genótipos de milho. Begum *et al.* (2016) realizaram uma experiência com vinte e dois híbridos de milho para dez caracteres de atribuição de rendimento. Verificaram que o rendimento de grãos apresentou correlações positivas altamente significativas com o comprimento da espiga, o diâmetro da espiga e o número de grãos por linha.

Kumar *et al.*, (2014) verificaram que o rendimento de grãos com a altura da planta e da espiga, o número de fileiras de grãos por espiga, o comprimento e o diâmetro da espiga apresentaram uma correlação positiva e significativa para onze caraterísticas quantitativas de vinte e quatro linhas consanguíneas de milho.

2.6 Avanço genético devido ao stress hídrico

O avanço genético associado à hereditariedade é mais útil. O papel do avanço genético depende da hereditariedade e da variabilidade fenotípica dos caracteres sob seleção. Assim, a resposta na geração posterior não pode ser rigorosamente prevista sem a determinação da hereditariedade com um avanço genético elevado, uma vez que estes caracteres indicam o papel da ação genética aditiva no controlo dos caracteres. As estimativas de hereditariedade juntamente com o avanço genético são mais úteis para prever o ganho genético sob seleção do que as estimativas de hereditariedade apenas (Singh *et al.*, 2000). O avanço genético esperado indica o modo de ação dos genes na expressão de uma caraterística, o que ajuda a escolher o método de seleção.

O avanço genético como percentagem da média também foi elevado para o rendimento de grãos por planta, altura da espiga, altura da planta, número de linhas de grãos^{-1} , linhas de grãos^{-1} , comprimento da espiga, perímetro da espiga e peso de 100 grãos, Da mesma forma, Bekele e Rao (2014) também relataram alto avanço genético para a altura da planta, linhas de grãos^{-1} , peso de 100 grãos, altura da espiga, parcela de rendimento de grãos .$^{-1}$

Azad *et al.* (2012) realizaram um estudo com vinte e quatro híbridos e seus progenitores, incluindo dois controlos Mandhuri e DHM 105. A altura da planta, a altura da espiga, o número de grãos em linha^{-1} , o peso de 100 grãos, o teor de proteínas, o rendimento de grãos por parcela, a percentagem de óleo e a percentagem de proteínas revelaram valores mais elevados de hereditariedade e registaram um avanço elevado. Observou-se um avanço genético elevado para a altura da planta, a parcela de rendimento de grãos^{-1} e a percentagem de proteínas. A seleção com base nestas caraterísticas será eficaz. Do mesmo modo, Anshuman *et al.*, (2013) referiram que a hereditariedade elevada a moderada com estimativas moderadas de avanço genético para a planta de cereais^{-1} e a altura da planta.

No estudo, Bekele e Rao (2014) reconheceram que o elevado avanço genético para a altura da planta, o número de linhas de grãos, a espiga^{-1} , o peso de 100 grãos, a altura da espiga, a parcela de rendimento de grãos^{-1} , os dias para cinquenta por cento de borla, os dias para cinquenta por cento de silagem e os dias para a maturidade registaram uma elevada hereditariedade com baixo valor genético.

Munawar *et al.* (2013) observaram um baixo avanço genético para a espiga de fileiras de grãos^{-1} e o número de grãos por fileira, com um tipo de geração aditiva e não aditiva com alta variação ambiental.

Shukla *et al.* (2006) observaram que a seleção para o melhoramento dos caracteres seria eficaz através da seleção fenotípica e do aumento da eficiência, o que indica a presença de uma maior ação genética aditiva. Um carácter que apresente uma elevada hereditariedade pode não dar necessariamente um elevado avanço genético. Jonshon *et al.* (1955) mostraram que uma elevada hereditariedade deve ser acompanhada de um elevado avanço genético para se chegar a conclusões mais fiáveis.

2.7 Análises de componentes principais

A análise de componentes principais (ACP) é um procedimento matemático e uma técnica de redução de dimensão que permite transformar um certo número de variáveis correlacionadas num número (mais reduzido) de variáveis não correlacionadas, designadas por componentes principais. Pearson (1901) concebeu esta ferramenta exploratória para identificar tendências desconhecidas num conjunto de dados multidimensionais. Em geral, a análise de componentes principais (ACP) é uma abordagem utilizada pelos criadores para avaliar e caraterizar o germoplasma. No entanto, numa experiência típica de microarray, a expressão de milhares de genes é medida em muitas condições, como tratamentos ou pontos de tempo. Por conseguinte, torna-se impossível fazer uma inspeção visual da relação entre genes ou condições numa matriz multidimensional deste tipo. Uma forma de dar significado a estes dados é reduzir a sua dimensionalidade (Hotelling, 1993). A PCA reduz os dados para duas dimensões (Smith, 2002; Raychaudhuri *et al.*, 2000).

Uma experiência foi conduzida por Sandeep *et al.* (2017) com sessenta linhas consanguíneas de milho para doze caracteres de atribuição de rendimento. Eles relataram que os três primeiros componentes principais de 12 caraterísticas representaram 82,41% da variação total e indicaram uma ampla variação entre os genótipos.

Carvalho *et al.* (2008) realizaram uma experiência com quarenta e três populações de polinização aberta de milho para quarenta caracteres morfológicos. Eles explicaram a variabilidade morfológica e a dispersão entre 13 eixos, onde os dois primeiros eixos têm uma contribuição significativa para a distribuição espacial dos acessos. Estes dois componentes principais explicaram 31,8% da variabilidade total.

Kroonenberg *et al.* (1995) realizaram uma experiência com catorze variedades de milho. Observaram que a combinação dos primeiros componentes de cada uma das formas explica 49%, o segundo componente explica 26% da variação total para seis caracteres.

Avinash *et al.* (2016) realizaram uma experiência com sessenta e quatro genótipos de milho para doze caracteres e descobriram que os primeiros cinco componentes principais representavam 75,302% da variabilidade entre os traços estudados. O PC1 mostrou um efeito positivo para as caraterísticas específicas em estudo, ou seja, dias para a iniciação da flor masculina, dias para a iniciação da flor feminina, dias para 50% da floração masculina, dias para 50% da floração feminina, dias para a maturidade, iniciação da flor, dias para 50% da floração masculina, dias para 50% da floração feminina, dias para a maturidade.

Ababulgu (2014) realizou uma experiência com trinta genótipos de milho e verificou que quatro componentes principais representavam 81% da variação total existente entre as linhas para doze caraterísticas correlacionadas.

A informação discutida na "Revisão da Literatura" fornece os conhecimentos de base necessários para cumprir o objetivo do estudo e fornecerá informação lógica e eficaz para a discussão. De um modo geral, proporcionará uma excelente porta de entrada para concluir este estudo com êxito.

CAPÍTULO 3

MATERIAIS E MÉTODOS

O experimento foi conduzido durante o período de janeiro de 2019 a março de 2019 para selecionar genótipos de milho para tolerância ao encharcamento em atributos morfológicos.

3.1 Sítio experimental

A experiência de campo foi efectuada na exploração experimental do Departamento de Genética e Melhoramento Vegetal da Universidade Agrícola do Bangladesh, em Mymensingh. O trabalho bioquímico de rastreio foi efectuado no Laboratório Molecular do mesmo departamento e no Laboratório Central da Universidade Agrícola do Bangladesh, Mymensingh. A área da exploração agrícola situa-se na antiga planície de inundação de Brahmaputra da Zona Agro-Ecológica-9 (AEZ-9) (PNUD e FAO, 1988).

3.2 Conceção experimental

O experimento foi realizado em um delineamento de blocos completos casualizados (RCBD) com três repetições. As sementes foram semeadas em linhas que representam uma parcela. A distância entre blocos foi de 1 m e a distância entre linhas foi de 0,06 m.

3.3 Materiais vegetais

Dez variedades de milho foram recolhidas no Bangladesh Agricultural Research Institute (BARI), Gazipur-1700 (Quadro 3.1).

Quadro 3.1 Lista dos dez genótipos de milho utilizados neste estudo com as suas caraterísticas (DHCP, 2017, BARI, http://baritechnology.org/en/home/tech_commodity#result).

Genótipos	Dada a identidade I	)desenvolvido por	1 Época de crescimento	Rendimento médio (t ha)-1	Ano de lançamento	Caraterísticas especiais
BHM-14	G1	BARI	Rabi Quaresma	10.84 10.52	2017	Maturação precoce, tolerante a altas temperaturas, tolerante ao acamamento de raízes e caules
BHM-9	G2	BARI	Rabi Quaresma	10.0-11.0 7-7.5	2007	Maior potencial de rendimento, resistente a doenças e pragas
Pipocas	G3	BARI	Rabi Quaresma	5.5 4.0-4.5	1986	Elevada qualidade de rebentação (95%)
BHM-13	G4	BARI	-	-	2016	-
BHM-7	G5	BARI	Rabi Quaresma	10.0-11.0 7-7.5	2006	Maior potencial de rendimento, resistente a doenças e pragas
BHM-12	G6	BARI	-	-	2016	-
BM-6	G7	BARI	Rabi	6.5-7.5	1998	Elevado potencial

			Quaresma	5.0-6.0		de rendimento, resistente a doenças e pragas
BM-7	G8	BARI	Rabi Quaresma	6.5-7.5 5.0-6.0	2002	Variedade de polinização aberta, rendimento elevado, grão forte
Mohor	G9	BARI	Rabi Quaresma	5.0-5.5 3.5-4.5	1991	Alto rendimento
Barnali	G10	BARI	Rabi Quaresma	5.5-6.0 4.0-4.5	1986	Alto rendimento, resistente a pragas e doenças

3.4 Metodologia

3.4.1 Preparação do terreno

O terreno experimental foi preparado por lavoura e lavoura cruzada com motocultivador seguido de escada. Aquando da preparação do terreno, foram aplicadas as doses recomendadas de fertilizantes e estrume.

3.4.2 Dose de fertilizante

Os adubos e fertilizantes foram aplicados seguindo as recomendações padrão do BARI. A taxa de adubos e fertilizantes utilizados nas parcelas experimentais é apresentada no Quadro 3.2.

Quadro 3.2 Taxa de adubos e fertilizantes

Fertilizante/Nutriente	Quantidade (kg/ha)
Adubo N	255
Superfosfato triplo (TSP)	55
Muriato de potássio (MOP)	140
Sulfato de zinco	6
Boro	2

3.4.3 Operações de sementeira e interculturais

Para obter um crescimento ótimo das plantas, foram efectuadas as operações interculturais necessárias, como a irrigação, a monda e o desbaste, etc., sempre que necessário. Os números contados de sementes (20 sementes por linha única) de todos os genótipos foram semeados em condições ambientais. Após 20 dias da primeira monda, procedeu-se à segunda monda. A ligação à terra foi efectuada após a segunda monda.

3.4.4 Aplicação do tratamento de alagamentos

Um tratamento de encharcamento foi aplicado no campo continuamente durante 10 dias com uma profundidade média de 5,0 ± 1,0 cm na fase vegetativa da planta, a fim de introduzir o stress quando as plantas tinham 45 dias de idade. O nível de água do campo tratado foi mantido continuamente ao mesmo nível durante toda a experiência, de uma ponta à outra das parcelas. O excesso de água foi transbordado para a outra extremidade.

3.5 Registo de dados fenotípicos

Recolha de dados

Os dados foram recolhidos e registados com dois dias de intervalo de cada planta para várias caraterísticas, tanto em condições de controlo como de encharcamento. Para a recolha de dados, foram selecionadas aleatoriamente cinco plantas de cada genótipo de cada repetição de cada tratamento. A média das cinco plantas selecionadas aleatoriamente para cada carácter foi utilizada para análise estatística. Neste ensaio, foram estudados os seguintes parâmetros do milho:

Figura 3.1 Campo experimental: a) campo de controlo b) plantas do campo de controlo c) campo alagado d) plantas alagadas

3.5.1 Altura da planta (PH)

A altura das plantas de cada repetição foi medida individualmente após 40 dias da sementeira, desde a superfície do solo até ao ponto mais alto do arco da folha mais alta cuja ponta está virada para baixo, em centímetros (cm), para calcular a altura média das plantas.

3.5.2 Área foliar (LA)

O comprimento e a largura de cada folha foram medidos individualmente e a área de cada lâmina foliar foi estimada utilizando a fórmula:

LA = 0,75 x Comprimento da folha x Largura da folha (Ren *et al.*, 2013)

A área foliar das folhas individuais foi adicionada para estimar a área foliar total de cada planta.

3.5.3 Número de folhas vivas (NLL)

Aos 10 dias após a aplicação do stress de encharcamento, foi contado o número total de folhas vivas.

3.5.4 Pontuação das lesões nas folhas

As folhas de dez genótipos de plantas de controlo e tratadas com encharcamento foram pontuadas com base no nível de lesão utilizando pontuações de 1-9 aos 10 dias após a aplicação do stress de encharcamento (Figura 3.2, Quadro 3.3, Arif *et al.*, 2019).

Quadro 3.3 Critérios de pontuação para a pontuação visual dos danos sob stress hídrico na fase vegetativa

Pontuação	**Folhas**
1	Cor e crescimento normais
3	Estado quase normal, mas a ponta das folhas descoloriu-se e começou a murchar
5	A folha fica enrolada, a maior parte da folha fica descolorida e começa a secar
7	A folha fica quase seca, totalmente descolorida
9	Folha morta ou quase morta

Figura 3.2 Pontuação das lesões foliares sob stress hídrico

3.5.5 Percentagem (%) da taxa de mortalidade

A percentagem de mortalidade foi estimada através da contagem do número total de folhas mortas e do número total de folhas por planta após a aplicação do stress de encharcamento e a percentagem de mortalidade foi calculada utilizando a seguinte fórmula

$$= \frac{\text{Number of dead leaves/plant}}{\text{Total number of leaves/plant}} \times 100$$

$$\text{Taxa de mortalidade (\%)} = \frac{\text{Número de folhas mortas/planta}}{\text{Número total de folhas/planta}}$$

3.5.6 Teor de clorofila (ChlC)

Aos 9 dias após a aplicação do stress de encharcamento, o teor de clorofila das 3rd folhas de cada planta foi medido com a ajuda de um medidor de clorofila (SPAD-502 PLUS, 3V=200 Mw, Konica Minolta, Osaka, Japão). Isto foi feito de forma semelhante para cada planta sob tratamento de controlo e de encharcamento. Trata-se de um método não destrutivo. Existe um pequeno sensor no interior do medidor e as folhas foram colocadas entre eles. Para cada folha, foram medidas três posições (proximal, distal e média) e calculada a média das medições (Abbasi *et al.*, 2015).

3.6 Estudo anatómico

3.6.1 Preparação da solução corante de acetocarmina

Durante a experimentação, foi utilizada uma solução de acetocarmina a 0,5% para a coloração das raízes. Para preparar a solução, dissolveu-se 0,5 g de carmim em 100 L de ácido acético glacial a 45% e refluxou-se durante 24 horas (KSU, 2018).

3.6.2 Documentação da estrutura anatómica

A documentação das diferentes estruturas da raiz foi reunida na colheita destrutiva. A colheita destrutiva foi efectuada aos 10 dias após o tratamento de encharcamento. As raízes foram colhidas das plantas de controlo e das plantas tratadas, foram colhidas destrutivamente num dia e dissecadas no mesmo dia. Em seguida, as raízes dissecadas foram coradas com acetocarmina a 0,5%, o suficiente para serem visualizadas ao microscópio. Em seguida, no microscópio, a objetiva foi ajustada para uma ampliação de 100x e a estrutura anatómica da raiz foi claramente visível ao microscópio. A lente do microscópio foi ajustada com precisão para uma visualização nítida e uma medição exacta do diâmetro da raiz.

3.7 Medição dos parâmetros bioquímicos

Dez dias após a aplicação do stress de encharcamento, foram recolhidas amostras de folhas de 4th folhas de dez variedades selecionadas de plantas de controlo e de stress de encharcamento, juntamente com réplicas, para análise bioquímica.

3.7.1 Determinação da atividade do peróxido de hidrogénio (H2O2)

A atividade do peróxido de hidrogénio foi determinada de acordo com o protocolo de Velikova *et al.* (2000).

Reagentes

a) 0,1% Ácido tricloroacético (TCA)

b) Tampão fosfato (10 mM)

c) Iodeto de potássio (1 M)

Procedimento

Cerca de 0,1 g de amostra de folha fresca foi homogeneizada num almofariz com pilão, utilizando quartzo para tornar a trituração mais fácil e eficiente. Em seguida, adicionou-se 1 mL de ácido tricloro-acético (TCA) a 0,1 % e homogeneizou-se a 4° C. Após centrifugação a 12.000 rpm durante 10 min, o sobrenadante de 0,5 mL foi mantido em tubo falcon e mantido no escuro durante 1 hora depois de misturado com 0,5 mL de tampão fosfato (50 mM, pH 7,5) e iodeto de potássio 1mL (1 M). A absorvância da solução resultante foi registada a 390 nm. Todas as etapas foram realizadas a 4° C, exceto a medição da absorvância.

Cálculo

$$H_2O_2\,(\mu mole\ g^{-1}FW) = \frac{Absorbance}{Extinction\ Cofficient} \times Dilution\ factor$$

H2O2 (^mole g^{-1} FW)

Absorvância Coeficiente de extinção Fator de diluição

Aqui, o coeficiente de extinção do H2O2=0,28 |iM^{-1} cm^{-1}

3.7.2 Determinação da atividade do malondialdeído

A peroxidação lipídica foi determinada pela estimativa do teor de malondialdeído (MDA) utilizando o método do ácido tiobarbitúrico descrito por Hotelling e Packer (1968).

Reagentes

a) Ácido tiobarbitúrico (0,5%) em ácido tri-cloro-acético a 20%

b) 0,1% Ácido tricloroacético (TCA)

Procedimento

Cerca de 0,1 g de tecido foliar (com idade semelhante, e uma folha jovem e expandida pode ser melhor) foi homogeneizado num almofariz com pilão utilizando quartzo para tornar a trituração fácil e eficiente. Em seguida, foram adicionados 2 mL de ácido tricloro-acético (TCA) a 0,1 % e homogeneizados a 4° C. Após centrifugação a 12.000 rpm durante 10 min, transferiu-se 1 mL do sobrenadante para um novo tubo falcon. Cerca de 4 mL de TCA a 20% contendo 0,5% de TBA foram adicionados ao sobrenadante e bem misturados. A mistura foi fervida a 95° C durante 20 min e rapidamente arrefecida em gelo (o TBA pode interagir com o MDA e resultar num composto vermelho em tampão ácido, pelo que o teor de MDA pode ser calculado medindo a densidade do espetrofotómetro do composto vermelho resultante a 532 nm. A temperatura elevada pode acelerar a reação e a temperatura baixa pode inibi-la. A mistura foi centrifugada a 5000 rpm durante 6 minutos. A absorvância da solução resultante foi registada a 532 nm. Todas as etapas foram realizadas a 4° C, exceto a medição da absorvância.

Cálculo

Melandialdeído (MDA) ($nmolg^{-1}$ FW) = $$= \frac{Absorbance}{Extinction\ Cofficient} \times Dilution\ factor$$

Neste caso, o coeficiente de extinção do MDA=155 mM^{-1} cm^{-1}

3.7.3 Determinação da atividade da peroxidase

A atividade da peroxidase foi determinada de acordo com o método de Nakano e Asada (1981).

Reagentes

a) Tampão de fosfato de potássio ($KH2PO4$ / $K2HPO4$, pH 7,5) - 50 mM
b) EDTA (2,5 mM)
c) H2O2- 200 mM 0,6%
d) Guaiacol-100 mM

Procedimento

Adicionou-se 0,6 mL de tampão fosfato de potássio (pH 7,5), 0,1 mL de EDTA e 0,1 mL de H2O2, num eppendorf, e misturou-se bem. Em todas as fases 4 foi mantida a temperatura de° C. A reação foi iniciada com a adição de 0,1 mL de extrato enzimático e as alterações na absorvância foram registadas imediatamente a 470 nm, com intervalos de 0, 30 e 60 segundos. A atividade da peroxidase foi calculada a partir da diminuição da absorvância por minuto.

Cálculo

POD (^molemin-1 g-1 FW) = $$= \frac{(Absorbance\ difference\ per\ min \times 4)\ Dilution\ factor \times 1000}{26.6 \times 1000}$$

$$\frac{(\text{Diferença de absorvância por minuto x4) Fator de diluiçãoxlOOO}}{26.6\text{X}1000}$$

Aqui, o coeficiente de extinção =26,6 M^{-1} cm^{-1} de POD

3.7.4 Determinação da atividade da ascorbato peroxidase

A atividade da ascorbato peroxidase foi determinada segundo o método de Nakano e Asada (1981).

Reagentes

a) Tampão de fosfato de potássio (KH2PO4 /K2HPO4, pH 7,5)-50 mM
b) EDTA (2,5 mM)
c) H2O2 (0,6%)
d) Ascorbato (2,5 mM)

Procedimento

Adicionou-se um volume de 0,6 mL de tampão fosfato de potássio (pH 7,5), 0,1 mL de EDTA e 0,1 mL de H2O2, num eppendorf, e misturou-se bem. Em todas as fases, foi mantida uma temperatura de 4° C. A reação foi iniciada com a adição de 0,1 mL de extrato enzimático e as alterações na absorvância foram registadas imediatamente a 290 nm, a intervalos de 0, 30 e 60 segundos. A atividade da ascorbato peroxidase foi calculada a partir da diminuição da absorvância por minuto.

Cálculo

$$\text{APX (pmolemina g}^{-1\text{-}1}\text{ FW)} = \frac{(\text{Absorbance difference per min})\ \text{Dilution factor} \times 1000}{2.8 \times 1000}$$

Aqui, o coeficiente de extinção =2,8 M^{-1} cm^{-1} de APX

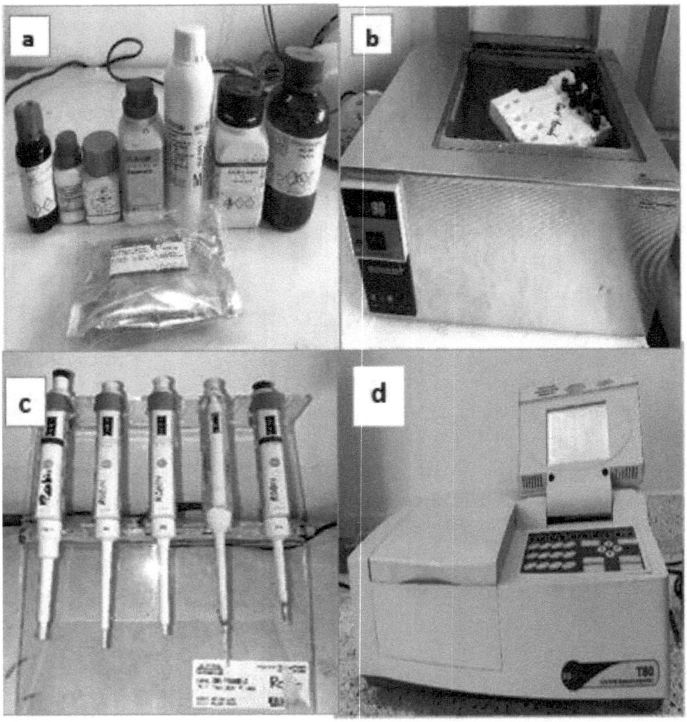

Figura 3.3 Análise bioquímica a) produtos químicos b) banho-maria c) micropipeta d) espetrofotómetro de feixe duplo

3.8 Estimativa dos parâmetros genéticos

ura 3.3 Análise bioquímica a) produtos químicos b) banho-maria c) micropipeta d) espetrofotómetro de feixe duplo

Os parâmetros genéticos, tais como as variâncias genotípica e fenotípica, a hereditariedade, o coeficiente de variação genotípica (GCV) e o coeficiente de variação fenotípica (PCV), e o avanço genético foram calculados utilizando a seguinte fórmula

3.8.1 Estimativa das variâncias fenotípicas e genotípicas

As variâncias fenotípicas e genotípicas foram estimadas de acordo com a fórmula de Johnson *et al.* (1955).

Variância genotípica, $\sigma_g^2 = \frac{GMS - EMS}{r}$

Onde,

GMS = Média genotípica

EMS= Erro médio dos quadrados

r = Número de replicações

Variância fenotípica, $\sigma^2_p = \sigma^2_g + EMS$

Onde,

σ^2_g = Variância genotípica

EMS = Erro médio dos quadrados

3.8.2 Estimativa do coeficiente de variação fenotípica (PCV) e do coeficiente de variação genotípica (GCV)

Os coeficientes de variação fenotípica e genotípica foram estimados de acordo com Burton (1952) e Singh e Chaudhury (1985).

Coeficiente fenotípico de variação, $PCV = \frac{\sqrt{\sigma^2_p}}{\bar{X}} \times 100$

Onde,

σ^2_p = Variância fenotípica

X= Média da população

Coeficiente genotípico de variação, $GCV = \frac{\sqrt{\sigma^2_g}}{\bar{X}} \times 100$

Onde,

σ^2_g=Variância genotípica

X= Média da população

3.8.3 Estimativa da hereditariedade

A hereditariedade em sentido lato (h^2 b) foi estimada de acordo com a fórmula sugerida por Johnson *et al.* (1955) e Hanson *et al.* (1956).

Hereditariedade $h^2_b = \frac{\sigma^2_g}{\sigma^2_p} \times 100$

Onde,

h^2_b=Heritabilidade em sentido lato

σ^2_g= Variância genotípica

σ^2_p = Variância fenotípica

3.8.4 Estimativa do avanço genético

A estimativa do avanço genético foi efectuada segundo a fórmula de Johnson *et al.* (1955) e Allard e Bradshaw (1964).

Avanço genético, $GA = h^2_b . K \sigma_p$

Onde,

h^2_b = Hereditariedade em sentido lato

K = Diferencial de seleção, cujo valor é 2,06 para uma intensidade de seleção de 5%.

σ_p=Desvio padrão fenotípico

3.8.5 Estimativa do avanço genético em percentagem da média, GA (%)

O avanço genético em percentagem da média foi calculado pela fórmula de Comstock e Robinson (1952) da seguinte forma:

Avanço genético em percentagem da média, $GA (\%) = \frac{GA}{\bar{X}} \times 1$

Onde,

GA = Avanço genético
X = Média da população

3.9 Análise estatística dos dados

Os dados foram analisados utilizando o software estatístico MINITAB 17 (Minitab Inc., State College, Pennsylvania, EUA). Foi executada uma análise de variância (ANOVA) de duas vias para diferentes caraterísticas morfológicas e bioquímicas seguindo um modelo linear geral (GLM) para explorar o tratamento, o genótipo e a interação tratamento x genótipo. A análise de componentes principais (PCA) das caraterísticas morfológicas foi efectuada para investigar a associação entre as caraterísticas morfológicas e a tolerância dos genótipos aos tratamentos. As pontuações das Componentes Principais (PC) foram armazenadas e a ANOVA das pontuações das PC foi realizada seguindo a ANOVA unidirecional para explorar a significância estatística entre o tratamento e os genótipos e a interação tratamento-variedade.

CAPÍTULO 4

RESULTADOS

4.1 Efeito do encharcamento nos parâmetros morfológicos

4.1.1 Efeitos na altura das plantas aos três dias após o encharcamento

A análise de variância indicou que a altura da planta aos três dias após o encharcamento foi altamente significativa tanto para o genótipo (*P<0*,001) quanto para a interação tratamento x genótipo (*P<0*,001) e significativa para o tratamento (*P=0*,006) (Tabela 4.1). A altura da planta aos 3 dias após o encharcamento foi aumentada em 1,35 vezes (*P=0*,006) ' para G2 sob stress de encharcamento comparado com o controlo (Figura. 4.1).

Quadro 4.1 Análise de variância para a altura das plantas de dez genótipos de milho aos três dias, nos tratamentos de controlo e de alagamento

Fonte	Df	SS	EM	Valor F	Valor P
Tratamento	1	910.2	910.2	7.73	0.006
Genótipo	9	11178.6	1242.1	10.55	<0.001
Tratamento x Genótipo	9	3480.7	386.7	3.28	<0.001
Erro	259	30501.1	117.8		

SS- Soma de quadrados; MS- Quadrados médios; P- Probabilidade de significância estatística; df- Graus de liberdade

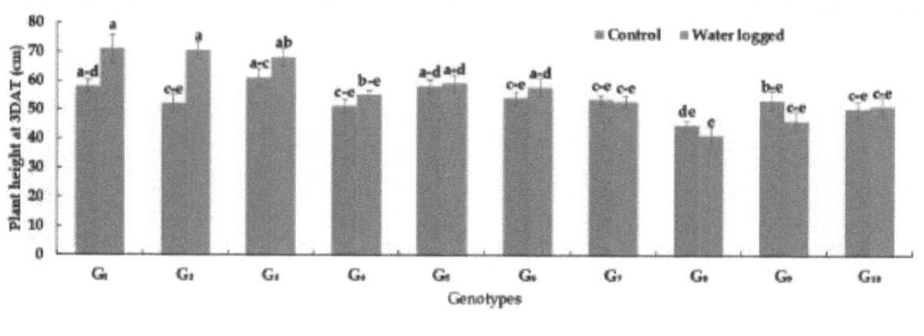

Figura 4.1 Efeito do tratamento, variação genotípica e interação tratamento x genótipo para a altura das plantas aos três dias após o encharcamento de dez genótipos de milho sob controlo e tratamentos de encharcamento de cinco cm

No gráfico, Gl= BHM-14, G2= BHM-9, G3= Pipoca, G4= BHM-13, G5= BHM-7, G6= BHM-12, G7= BM-6, G8= BM-7, G9= Mohor, G10= Bamali. Barras verticais indicam o erro padrão da média; letras diferentes indicam diferença significativa entre a interação tratamento x genótipo

4.1.2 Efeitos na altura das plantas aos seis dias após o encharcamento

A análise de variância indicou que a altura da planta aos seis dias após o encharcamento foi altamente significativa tanto para o genótipo (*P<0*,001) quanto para a interação tratamento x genótipo (*P<0*,001) e significativa para o tratamento (*P<0*,029) (Tabela 4.2). A altura da planta após 6 dias foi aumentada em 1,31 vezes (*P=0*,029) para G2 sob tolerância ao encharcamento em comparação com o controle (Figura 4.2).

Quadro 4.2 Análise de variância para a altura das plantas de dez genótipos de milho aos seis dias, nos tratamentos de controlo e de alagamento

Fonte	df	SS	EM	Valor F	Valor P
Tratamento	1	691	691	4.8	0.029
Genótipo	9	12966.8	1440.8	10.01	<0.001
Tratamento x Genótipo	9	4044.5	449.4	3.12	<0.001
Erro	259	37288.6	144		

SS- Soma de quadrados; MS- Quadrados médios; P- Probabilidade de significância estatística; df- Graus de liberdade

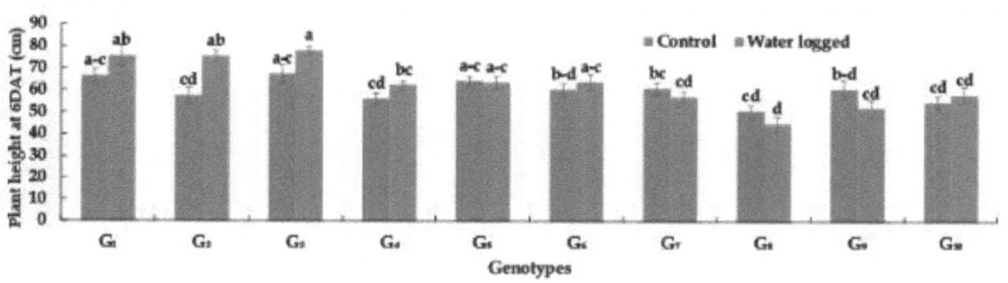

Figura 4.2 Efeito do tratamento, variação genotípica e interação tratamento x genótipo para a altura da planta aos seis dias após o encharcamento de dez genótipos de milho sob controlo e tratamentos de encharcamento de cinco cm

No gráfico, Gl= BHM-14, G2= BHM-9, G3= Pipoca, G4= BHM-13, G5= BHM-7, G6= BHM-12, G7= BM-6, G8= BM-7, G9= Mohor, G10= Bamali. Barras verticais indicam o erro padrão da média; letras diferentes indicam diferença significativa entre a interação tratamento x genótipo

4.1.3 Efeitos na altura das plantas aos nove dias após o encharcamento

A análise de variância mostrou que a altura da planta aos nove dias após o encharcamento foi altamente significativa para o genótipo ($P<0{,}001$) e significativa para a interação tratamento x genótipo ($P= 0{,}026$) e não significativa para o tratamento (Quadro 4.3, Figura. 4.3).

Quadro 4.3 Análise de variância para a altura das plantas de dez genótipos de milho aos nove dias, nos tratamentos de controlo e de alagamento

Fonte	df	SS	EM	Valor F	Valor P
Tratamento	1	210	210	1.1	0.295
Genótipo	9	15454	1717.1	9.01	<0.001
Tratamento x Genótipo	9	3690.9	410.1	2.15	0.026
Erro	259	49381	190.7		

SS- Soma de quadrados; MS- Quadrados médios; P- Probabilidade de significância estatística; df- Graus de liberdade

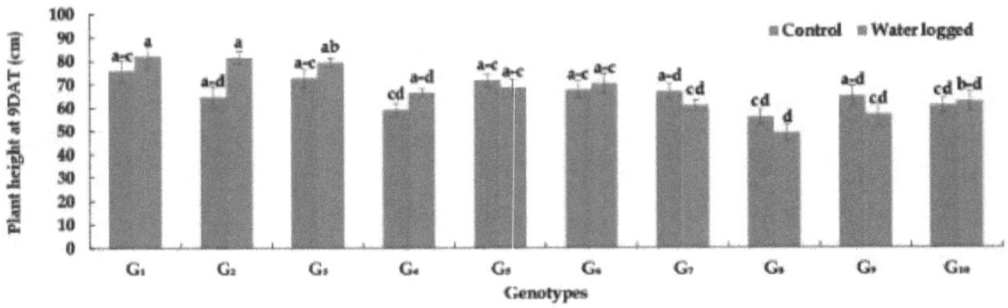

Figura 4.3 Efeito do tratamento, variação genotípica e interação tratamento x genótipo para a altura da planta aos nove dias após o encharcamento de dez genótipos de milho sob controlo e tratamentos de encharcamento de cinco cm

No gráfico, Gl= BHM-14, G2= BHM-9, G3= Pipoca, G4= BHM-13, G5= BHM-7, G6= BHM-12, G7= BM-6, G8= BM-7, G9= Mohor, G10= Bamali. Barras verticais indicam o erro padrão da média; letras diferentes indicam diferença significativa entre a interação tratamento x genótipo

4.1.4 Efeitos no número total de folhas vivas três dias após o encharcamento

A análise de variância mostrou que o número total de folhas vivas aos três dias após o encharcamento foi altamente significativo para o genótipo ($P<0,001$) e não significativo para o tratamento e para a interação tratamento x genótipo (Quadro 4.4, Figura. 4.4).

Quadro 4.4 Análise de variância para o número total de folhas vivas de dez genótipos de milho aos três dias, nos tratamentos de controlo e de alagamento

Fonte	df	SS	EM	Valor F	Valor P
Tratamento	1	0.265	0.265	0.2	0.657
Genótipo	9	155.341	17.2601	12.89	<0.001

Tratamento x Genótipo	9	18.528	2.0586	1.54	0.135
Erro	259	344.11	1.339		

SS- Soma de quadrados; MS- Quadrados médios; P- Probabilidade de significância estatística; df-Graus de liberdade

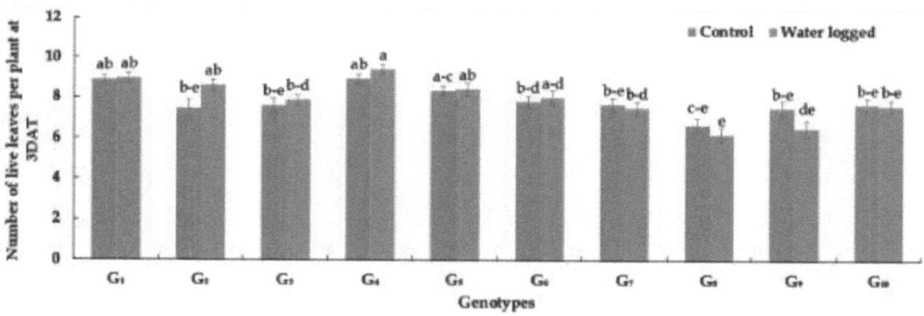

Figura 4.4 Efeito do tratamento, variação genotípica e interação tratamento x genótipo para o número total de folhas vivas aos três dias após o encharcamento de dez genótipos de milho sob controlo e tratamentos de encharcamento de cinco cm.

No gráfico, Gl= BHM-14, G2= BHM-9, G3= Pipoca, G4= BHM-13, G5= BHM-7, G6= BHM-12, G7= BM-6, G8= BM-7, G9= Mohor, G10= Bamali. Barras verticais indicam o erro padrão da média; letras diferentes indicam diferença significativa entre a interação tratamento x genótipo

4.1.5 Efeitos no número total de folhas vivas seis dias após o encharcamento

A análise de variância indicou que o número total de folhas vivas aos seis dias após o encharcamento foi altamente significativo para o genótipo ($P<0,001$) e tratamento ($P<0,001$) e não significativo para a interação tratamento x genótipo (Tabela 4.5). O número total de folhas vivas aos 6 dias diminuiu 1,26 vezes (($P<0,001$) para G7 sob tratamento de encharcamento comparado com o controlo (Figura 4.5).

Quadro 4.5 Análise de variância para o número total de folhas vivas de dez genótipos de milho, aos seis dias, nos tratamentos de controlo e de alagamento

Fonte	df	SS	EM	Valor F	Valor P
Tratamento	1	89.71	89.714	52.72	<0.001
Genótipo	9	143.86	15.984	9.39	<0.001
Tratamento x Genótipo	9	11.48	1.275	0.75	0.663
Erro	259	439.07	1.702		

SS- Soma de quadrados; MS- Quadrados médios; P- Probabilidade de significância estatística; df- Graus de liberdade

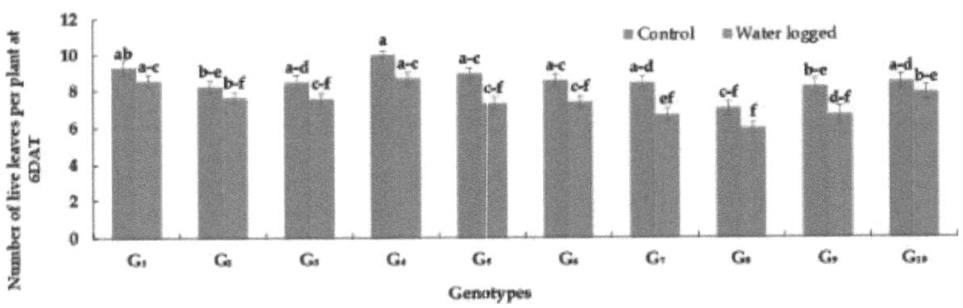

Figura 4.5 Efeito do tratamento, variação genotípica e interação tratamento x genótipo para o número total de folhas vivas aos seis dias após o encharcamento de dez genótipos de milho sob controlo e tratamentos de encharcamento de cinco cm.

No gráfico, Gl= BHM-14, G2= BHM-9, G3= Pipoca, G4= BHM-13, G5= BHM-7, G6= BHM-12, G7= BM-6, G8= BM-7, G9= Mohor, G10= Barnali.

As barras verticais indicam o erro padrão da média; letras diferentes indicam diferença significativa entre a interação tratamento x genótipo.

4.1.6 Efeitos no número total de folhas vivas nove dias após o encharcamento

A análise de variância indicou que o número total de folhas vivas aos nove dias após o encharcamento foi altamente significativo para o genótipo (*P<0*,001) e tratamento (*P<0*,001)

e não significativo para a interação tratamento x genótipo (Tabela 4.6). O número total de folhas vivas aos 9 dias diminuiu em 1,31, 1,43, 1,31, 1,32, 1,36, 1,32, 1,28 vezes (*P*<*0*,001) em G4, G5, G6, G7, G8, G9 e G10, respetivamente, sob tratamento de encharcamento comparado ao controle (Figura 4.6).

Quadro 4.6 Análise de variância para o número total de folhas vivas de dez genótipos de milho, aos nove dias, nos tratamentos de controlo e de alagamento

Fonte	Df	SS	EM	Valor F	Valor P
Tratamento	1	273	273.004	143.62	<0.001
Genótipo	9	96.38	10.709	5.63	<0.001
Tratamento x Genótipo	9	26.01	2.89	1.52	0.141
Erro	259	492.33	1.901		

SS- Soma de quadrados; MS- Quadrados médios; P- Probabilidade de significância estatística; df- Graus de liberdade

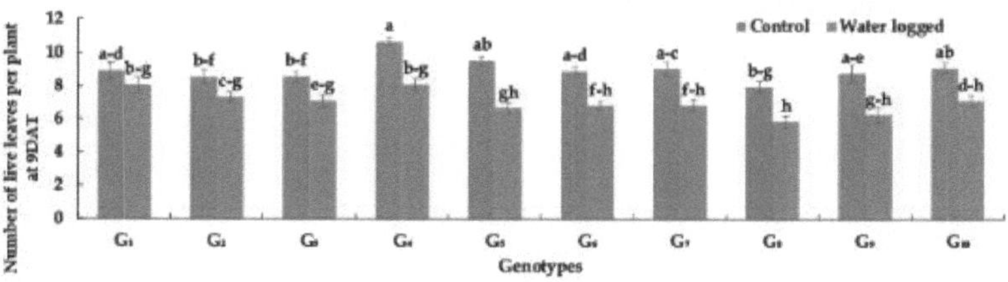

Figura 4.6 Efeito do tratamento, variação genotípica e interação tratamento x genótipo para o número total de folhas vivas aos nove dias após o encharcamento de dez genótipos de milho sob controlo e tratamentos de encharcamento de cinco cm

No gráfico, Gl= BHM-14, G2= BHM-9, G3= Pipoca, G4= BHM-13, G5= BHM-7, G6= BHM-12, G7= BM-6, G8= BM-7, G9= Mohor, G10= Bamali. Barras verticais indicam o erro padrão da média; letras diferentes indicam diferença significativa entre a interação tratamento x genótipo

4.1.7 Efeitos na taxa de mortalidade em % após encharcamento

A análise de variância indicou que a taxa de mortalidade percentual após o encharcamento foi altamente significativa para o genótipo ($P<0{,}001$) e tratamento ($P<0{,}001$) e não significativa para a interação tratamento x genótipo (Tabela 4.7). A taxa de mortalidade percentual (%) foi aumentada em 2,40, 3,13, 2,38, 4,69, 4,02, 5,12, 2,97, 2,95 e 3,79 vezes ($P<0{,}001$) para G1, G2, G3, G4, G5, G6, G7, G9 e G10, respetivamente, sob tratamento de encharcamento comparado ao controle (Figura 4.7).

Quadro 4.7 Análise de variância para a % de mortalidade de dez genótipos de milho nos tratamentos de controlo e de alagamento

Fonte	Df	SS	EM	Valor F	Valor P
Tratamento	1	45843	45843	571.13	<0.001
Genótipo	9	2254	250.4	3.12	<0.001
Tratamento x Genótipo	9	1146	127.3	1.59	0.12
Erro	259	20789	80.3		

SS- Soma de quadrados; MS- Quadrados médios; P- Probabilidade de significância estatística; df- Graus de liberdade

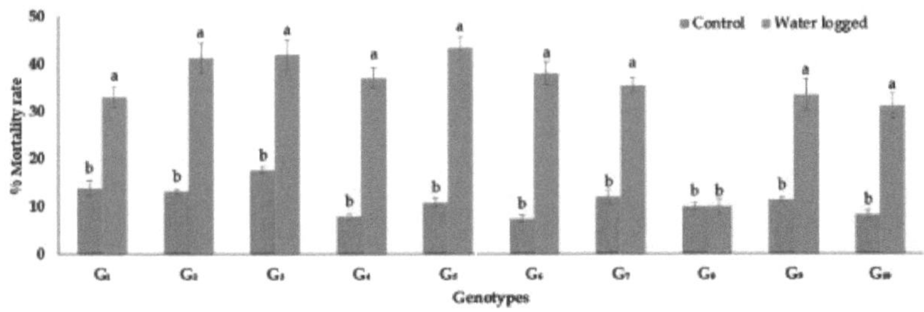

Figura 4.7 Efeito do tratamento, variação genotípica e interação tratamento x genótipo para o número de % de mortalidade de dez genótipos de milho sob tratamentos de controlo e de

encharcamento de cinco cm.

No gráfico, Gl= BHM-14, G2= BHM-9, G3= Pipoca, G4= BHM-13, G5= BHM-7, G6= BHM-12, G7= BM-6, G8= BM-7, G9= Mohor, G10= Bamali. Barras verticais indicam o erro padrão da média; letras diferentes indicam diferença significativa entre a interação tratamento x genótipo

4.1.8 Efeitos no teor de clorofila após encharcamento

A análise de variância mostrou que o conteúdo de clorofila foi altamente significativo para o tratamento ($P<0{,}001$), genótipo ($P<0{,}001$) e interação tratamento x genótipo ($P<0{,}001$) (Tabela 4.8). Para G1, G3, G5 mostraram redução no conteúdo de clorofila em 1.15, 1.58, 2.27 vezes ($P<0.001$) respetivamente sob stress de encharcamento comparado com o controlo (Figura. 4.8).

Quadro 4.8 Análise de variância para o teor de clorofila de dez genótipos de milho sob tratamentos de controlo e de encharcamento

Fonte	Df	SS	EM	Valor F	Valor P
Tratamento	1	13295	13295.1	119.14	<0.001
Genótipo	9	3149	349.9	3.14	<0.001
Tratamento x Genótipo	9	3297	366.3	3.28	<0.001
Erro	259	29127	111.6		

SS- Soma de quadrados; MS- Quadrados médios; P- Probabilidade de significância estatística; df- Graus de liberdade

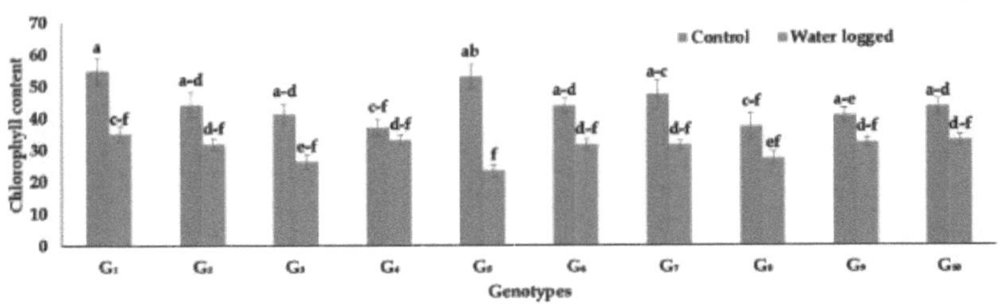

Figura 4.8 Efeito do tratamento, variação genotípica e interação tratamento x genótipo para o teor de clorofila de dez genótipos de milho sob controlo e tratamentos de encharcamento de cinco cm

No gráfico, Gl= BHM-14, G2= BHM-9, G3= Pipoca, G4= BHM-13, G5= BHM-7, G6= BHM-12, G7= BM-6, G8= BM-7, G9= Mohor, G10= Bamali. Barras verticais indicam o erro padrão da média; letras diferentes indicam diferença significativa entre a interação tratamento x genótipo.

4.1.9 Efeitos na área foliar total por planta três dias após o encharcamento

A análise de variância indicou que a área foliar total por planta aos três dias após o encharcamento foi significativa para o genótipo (*P=0*,002) e não significativa tanto para o tratamento quanto para a interação tratamento x genótipo (Tabela 4.9). A área foliar total por planta foi reduzida em 1,2 vezes (P=0,002) para G9 sob tratamento de encharcamento comparado ao controle (Figura 4.9).

Quadro 4.9 Análise de variância para a área foliar total por planta aos três dias de dez genótipos de milho aos nove dias sob tratamentos de controlo e encharcamento

Fonte	Df	SS	EM	Valor F	Valor P
Tratamento	1	339940	339940	0.89	0.352
Genótipo	9	12951523	1439058	3.76	0.002

Tratamento x Genótipo	9	2103005	233667	0.61	0.78
Erro	259	15303652	382591		

SS- Soma de quadrados; MS- Quadrados médios; P- Probabilidade de significância estatística; df- Graus de liberdade

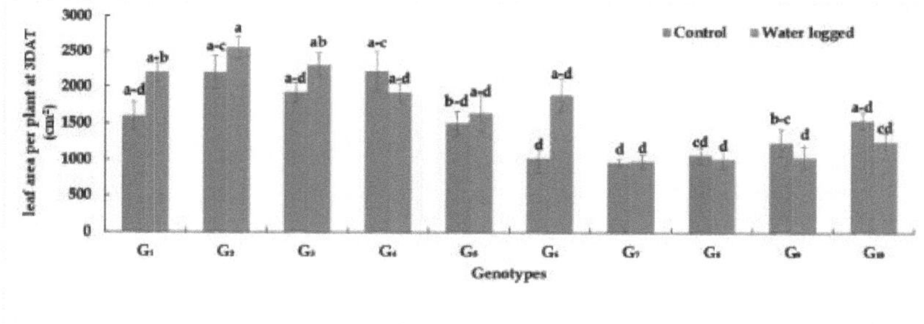

Figura 4.9 Efeito do tratamento, variação genotípica e interação tratamento x genótipo para a área foliar total por planta aos três dias após o encharcamento de dez genótipos de milho sob controlo e tratamentos de encharcamento de cinco cm

No gráfico, Gl = BHM-14, G2= BHM-9, G3= Pipoca, G4= BHM-13, G5= BHM-7, G6= BHM-12, G7= BM-6, G8= BM-7, G9= Mohor, G10= Barnali. As barras verticais indicam o erro padrão da média; letras diferentes indicam diferença significativa entre a interação tratamento x genótipo

4.1.10 Efeitos na área foliar total por planta aos seis dias após o encharcamento

A análise de variância indicou que a área foliar total por planta aos seis dias após o encharcamento foi significativa para o genótipo (*P=0*,009). A área foliar total por planta aos seis dias após o encharcamento não foi significativa para o tratamento e para a interação tratamento x genótipo (Tabela 4.10). A área foliar total por planta foi aumentada em 1,8 vezes (0,009) para G2 sob tratamento de encharcamento em comparação com o controlo (Figura 4.10).

Quadro 4.10 Análise de variância para a área foliar total por planta de dez genótipos de milho, aos seis dias, nos tratamentos de controlo e de alagamento

Fonte	Valor DfSSMSF	Valor P
Tratamento	17640467640461.26	0.268
Genótipo	91609041817878242.96	0.009
Tratamento x Genótipo	97318301813 1451.35	0.245
Erro	25924170789604270	

SS- Soma de quadrados; MS- Quadrados médios; P- Probabilidade de significância estatística; df- Graus de liberdade

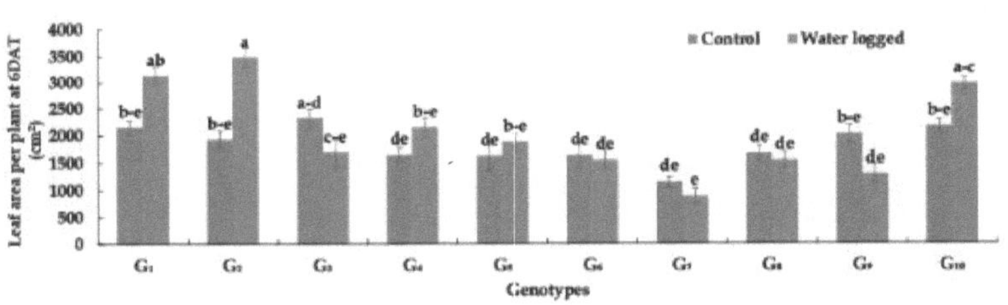

Figura 4.10 Efeito do tratamento, variação genotípica e interação tratamento x genótipo para a área foliar total por planta aos seis dias após o encharcamento de dez genótipos de milho sob controlo e tratamentos de encharcamento de cinco cm

No gráfico, Gl= BHM-14, G2= BHM-9, G3= Pipoca, G4= BHM-13, G5= BHM-7, G6= BHM-12, G7= BM-6, G8= BM-7, G9= Mohor, G10= Bamali. Barras verticais indicam o erro padrão da média; letras diferentes indicam diferença significativa entre a interação tratamento x genótipo

4.1.11 Efeitos na área foliar total por planta aos nove dias após o encharcamento

A análise de variância indicou que a área foliar total por planta aos três dias após o alagamento foi altamente significativa para o genótipo *(P<0*,001) e não significativa tanto para o tratamento quanto para a interação tratamento x genótipo (Tabela 4.11). A área foliar total por planta foi aumentada em 1,61 vezes (*P*<*0*,001) para G2 sob tratamento de encharcamento comparado ao controle (Figura 4.11).

Quadro 4.11 Análise de variância para a área foliar total por planta de dez genótipos de milho, aos nove dias, nos tratamentos de controlo e de alagamento

Fonte	**Df**	**SS**	**EM**	**Valor F**	**Valor P**
Tratamento	1	1032086	1032086	2.24	0.142
Genótipo	9	19952490	2216943	4.81	<0.001
Tratamento x Genótipo	9	4342426	482492	1.05	0.421
Erro	259	18419766	460494		

SS- Soma de quadrados; MS- Quadrados médios; P- Probabilidade de significância estatística; df- Graus de liberdade

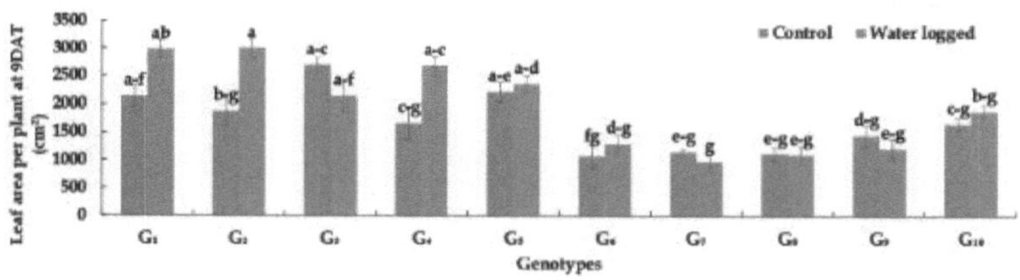

Figura 4.11 Efeito do tratamento, variação genotípica e interação tratamento x genótipo para a área foliar total por planta aos nove dias após o encharcamento de dez genótipos de milho sob controlo e tratamentos de encharcamento de cinco cm

No gráfico, Gl= BHM-14, G2= BHM-9, G3= Pipoca, G4= BHM-13, G5= BHM-7, G6= BHM-12, G7= BM-6, G8= BM-7, G9= Mohor, G10= Bamali. Barras verticais indicam o erro padrão da média; letras diferentes indicam diferença significativa entre a interação tratamento x genótipo

4.2 Efeito do encharcamento na classificação das lesões foliares

O stress de encharcamento afectou significativamente a capacidade de sobrevivência das folhas mais velhas, apresentando variações genotípicas (Quadro 3.3, Figura 4.12). O número de folhas por planta variou entre 8 e 11 nos genótipos de milho, tanto no tratamento de controlo como no de alagamento, durante a recolha de dados. As três primeiras folhas jovens estavam completamente vivas (pontuação 1), não apresentando sinais de lesões, tanto no tratamento de controlo como no de alagamento (Quadro 3.3). Por outro lado, as pontuações de lesões nas folhas da posição 7 à posição 9 foram nove para todos os genótipos no tratamento de alagamento, embora tenham variado entre 1 e 3 no tratamento de controlo. De forma notável, as pontuações de lesões foliares da posição 4-6 das folhas de 10 genótipos de milho sob tratamento de alagamento mostraram variações notáveis entre genótipos (Figura 4.12). Os genótipos BHM-14, BHM-13 e Barnali registaram pontuações de lesões foliares inferiores a 3 até à posição 5 da folha e inferiores a 5 até à posição 6 da folha (Figura 4.12). Estes três genótipos foram, portanto, classificados como tolerantes. Os genótipos BHM-9, BHM-12 e Mohor registaram pontuações de lesões foliares 5 tanto na posição foliar 5 como 6 (Figura 4.12). Estes três genótipos foram classificados como moderadamente tolerantes (Figura 4.12). Os outros quatro genótipos, Popcorn, BHM-7, BM-6 e BM-7, apresentaram lesões foliares superiores a 5 na posição 6 da folha (Figura 4.12). Esses quatro genótipos foram classificados como suscetíveis (Figura 4.12).

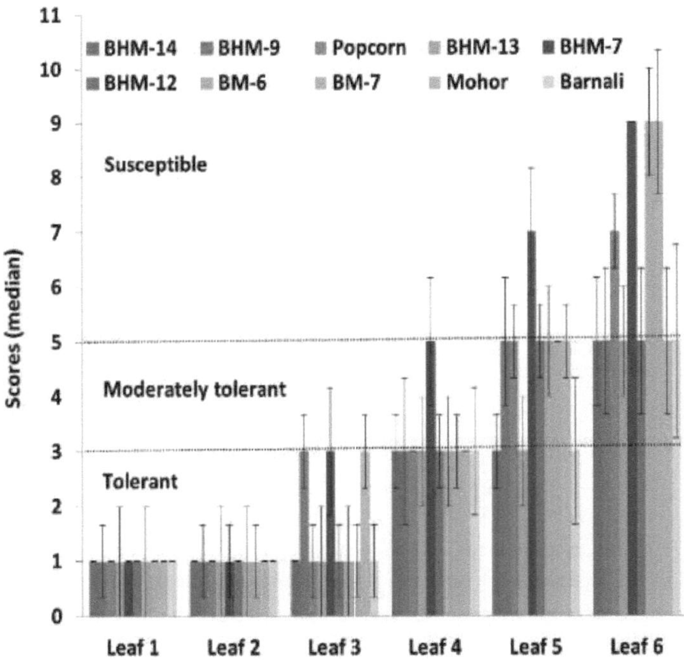

Figura 4.12 Valores medianos das pontuações de lesões foliares de seis folhas jovens de 10 genótipos de milho após 10 dias de encharcamento, considerando a folha mais jovem como folha 1. As barras verticais indicam o erro padrão da média. A mediana das pontuações de lesões foliares de todos os genótipos em plantas de controlo foi de 1

4.3 Efeito do encharcamento nos parâmetros bioquímicos

Resposta de caraterísticas bioquímicas sob stress de encharcamento

O conteúdo de peróxido de hidrogénio (H_2O_2), peroxidase (POD) e ascorbato peroxidase (APX) também mostrou uma diferença varietal significativa. Os teores de APX e POD aumentaram tanto nos genótipos tolerantes como nos susceptíveis sob stress hídrico, em comparação com o controlo (Figura 4.13 A), mas os seus teores aumentaram muito em dois genótipos tolerantes BHM-9 e BHM-13, em comparação com dois genótipos susceptíveis, Popcorn e BM-6 (Figura 4.13 A). O conteúdo de APX foi aumentado em 3,67 vezes ($P<0,001$) no genótipo moderadamente tolerante BHM-9, seguido de 2,33 vezes no genótipo tolerante BHM-13 (Figura 4.13 A), enquanto o conteúdo de POD foi aumentado em 2,46 vezes ($P<0,001$) no genótipo tolerante BHM-13 sob tratamento de encharcamento em comparação com o controlo (Figura 4.13 B).

O teor de peróxido de hidrogénio (H_2O_2), como medida do stress oxidativo, aumentou muito nos genótipos susceptíveis Popcorn e BM-6, mas diminuiu nos genótipos tolerantes BHM-9, mas aumentou ligeiramente no BHM-13 (Figura 4.13 C). O maior aumento no conteúdo de H_2O_2, de 9,05 vezes, foi observado no genótipo suscetível BM-6 sob stress de encharcamento em comparação com o controlo (Figura 4.13 C).

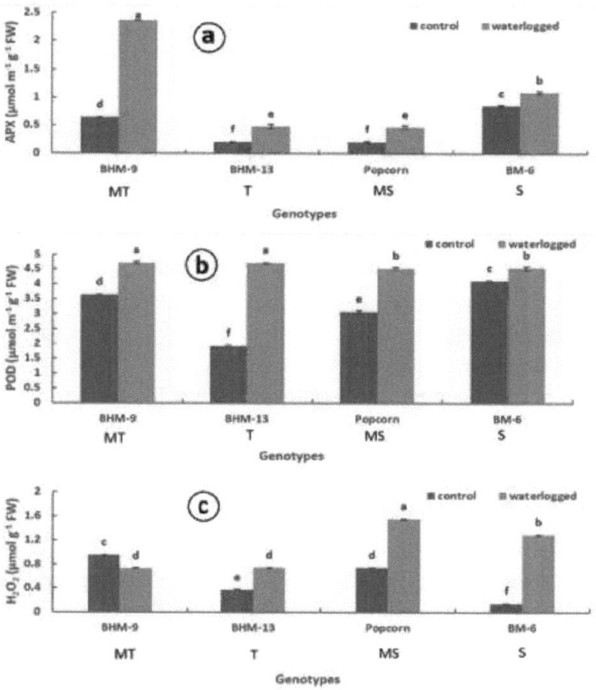

Figura 4.13 Efeito do tratamento, variação genotípica e interação tratamento x genótipo para (A) APX, (B) POD e (C) H_2O_2 de quatro genótipos de milho selecionados sob tratamentos de controlo e de encharcamento

Barras verticais indicam o erro padrão da média; letras diferentes indicam diferença significativa entre a interação tratamento x genótipo. No gráfico, T= Tolerante, MT=

Moderadamente tolerante, S= Suscetível, MS= Moderadamente suscetível.

4.4 Estudo anatómico

Diferença anatómica

Os genótipos de milho em condições de controlo (sem encharcamento) não produzem células de aerênquima nas regiões epidérmicas (Figura 4.14A). O estudo anatómico mostrou que as raízes de genótipos de milho tolerantes, como BHM-13, BHM-14 e Barnali, sob stress de encharcamento, produziram grandes células de aerênquima (Figura 4.14B). Em contrapartida, os genótipos de milho susceptíveis, como BHM-7, BM-6 e BM-7, não produziram células de aerênquima ou produziram um número comparativamente muito inferior em comparação com os genótipos tolerantes sob stress de encharcamento (Figura 4.14B vs. 4.14C).

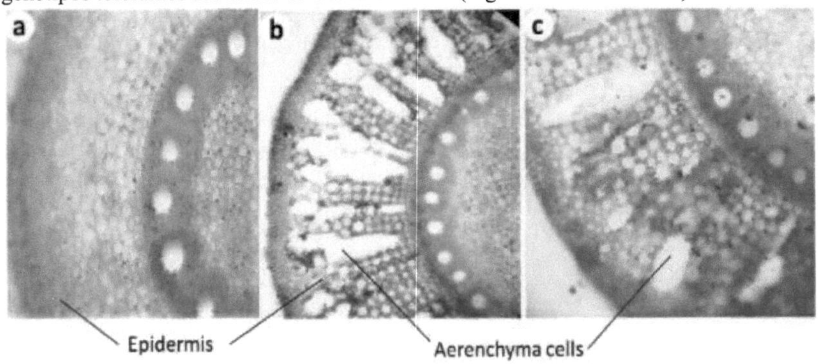

Figura 4.14 Secções transversais de raízes de plantas de milho (A) secção transversal de raízes de BHM-14 cultivadas sem encharcamento (controlo), (B) secção transversal de raízes de BHM-14 tolerante cultivadas em condições de encharcamento mostrando a presença de um grande número de células de aerênquima, (C) secção transversal de raízes do genótipo BM-7 suscetível cultivadas em condições de encharcamento mostrando a presença de algumas células de aerênquima

4.5 Associações de caraterísticas

Análise de componentes principais (PCA)

Os três primeiros componentes principais (PC) explicaram 72% da variação total dos dados, que mostraram a variação devida ao efeito do encharcamento e dos genótipos (Quadro 4.12). A primeira componente principal (PC1) explicou 40,9% da variação, a segunda componente principal (PC2) explicou 19,6% e a terceira componente principal (PC3) explicou 12% da variação (Quadro 4.12). As pontuações da PC1 foram altamente significativas para o tratamento (encharcamento), genótipo e interação tratamento-genótipo (Quadro 4.12). A PC2 mostrou que as pontuações da PC foram altamente significativas para o tratamento, o genótipo e a interação tratamento-genótipo. As pontuações da PC3 foram altamente significativas para o genótipo e para a interação tratamento-genótipo (Quadro 4.12).

O PC1 separou o genótipo BHM14 (G1) do genótipo BM7 (G8) por seus maiores escores positivos e negativos de PC, respetivamente (Figura 4.15). O PC1 também foi responsável por coeficientes mais altos para o número de folhas vivas por planta e altura da planta (Figura 4.15). O PC2 separou os genótipos com base no controlo versus stress de alagamento para as suas pontuações positivas e negativas, respetivamente (Figura 4.15). A altura da planta aos 3 dias após o encharcamento, a altura da planta aos 6 dias após o encharcamento e a altura da planta aos 9 dias após o encharcamento também tiveram coeficientes negativos para PC2, indicando que os genótipos BHM14 (G1), BHM 9 (G2) e pipoca (G3) foram os menos afectados pelo stress de encharcamento e, portanto, apresentaram maior tolerância ao stress (Figura 4.15).

Tabela 4.12 Valores próprios dos componentes principais com as suas contribuições para a variação total dos dados

	PCI	PC2	PC3	PC4	PC5	PC6	PC7	PC8	PC9	PC10	PC11
Valor próprio	4.4964	2.1582	1.3186	0.8831	0.7578	0.5279	0.4417	0.1543	0.1318	0.0859	0.0443
Proporção	0.409	0.196	0.12	0.08	0.069	0.048	0.04	0.014	0.012	0.008	0.004
Acumulado	0.409	0.605	0.725	0.805	0.874	0.922	0.962	0.976	0.988	0.996	1

Quadro 4.13 Coeficientes de componentes principais para diferentes caraterísticas

Variável	**PCI**	
Altura da planta (cm) 3DAT	0.361	
Altura da planta (cm) 6DAT	0.383	
Altura da planta (cm) 9DAT	0.404	
N.º LL 3D AT	0.369	
N.º LL 6DAT	0.39	
N.º LL 9DAT	0.361	
Taxa de mortalidade		-0.179
Teor de clorofila	0.264	
Área foliar 3D AT	0.134	
Área foliar 6DAT	0.085	
Área foliar 9DAT	0.116	
"/(-Variação explicada	40.9	
Fonte de variação		
T		<0.001
G		<0.001
TxG	0.041	

PC2	PC3	PC4
-0.381	0.032	0.005
-0.353	0.062	-0.023
-0.291	0.086	-0.035
-0.11	-0.211	0.023
0.19	-0.243	0.043
0.329	-0.238	-0.002
-0.551	0.102	0.1
0.381	0.13	-0.111
0.117	0.535	0.275
0.064	0.548	-0.733
0.151	0.462	0.601
19.6	12	8
Valor *P* para PC	pontuação	
<0.001	0.603	0.015
<0.001	<0.001	0.013
<0.001	<0.001	0.734

Tabela 4.14 Pontuações médias de PC e desvio padrão de cada genótipo

Pontuações médias de PC com desvio padrão

GENÓTIPO	PC1	PC2	PC3	PC4
G1	1.636±2.332a	0,172±1,791ab	0.729±1.67a	0,127±0,645ab
G2	0,311±1,83ab	0,616±1,867ab	0,11±0,924abc	0,273±0,873ab
G3	0,526±1,66ab	-0.954±1.42b	0,18±0,838ab	0,033±0,958ab
G4	0,439±1,36ab	0.354±1.278a	-1.346±0.724d	0,2344±0,49ab
G5	0,322±1,86ab	-0,259±ab	0,106±0,769abc	0.357±1.164a
G6	0,123±1,68ab	0,213±1,399ab	0,529±0,646ab	- 0,209±1,153ab
G7	-0.374±1.85b	0.302±1.275a	0,518±0,982ab	-0.419±0.957b
G8	-2.773±2.10c	0.575±0.96a	0,009±0,878abc	0,245±1,123ab
G9	-1,001±2,17bc	0.339±0.856a	-0,175±0,88bc	0,177±1,049ab
G10	-0.517±2.01b	0.554±1.098a	-0,692±1,104cd	0,216±0,629ab

Tabela 4.15 Pontuações médias de PC e desvio padrão de cada tratamento

	Pontuações médias de PC com desvio padrão			
TRATAMENTO	**PC1**	**PC2**	**PC3**	**PC4**
Controlo	0.533±1.966a	1.055±0.8536a	0.045±1.345a	0.124±0.905b
Água acumulada	-0.566±2.14b	-1.117±1.11b	0.0477±0.896a	0.132±0.964a

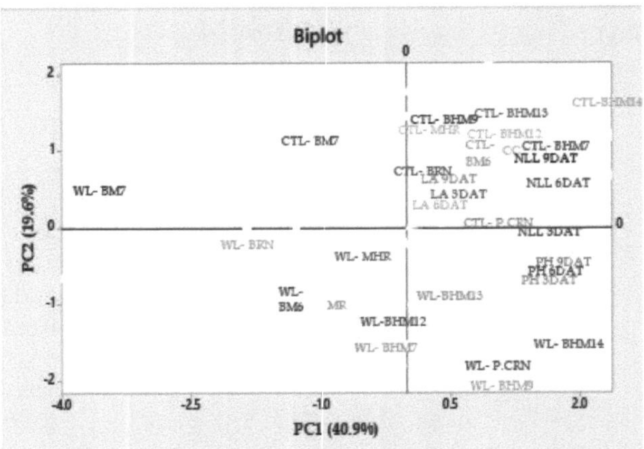

Figura 4.15 Biplot para traços morfológicos importantes de dez genótipos de milho sob duas tratamentos

Aqui, WL= encharcamento, CTL= Controlo, PH 3DAT= Altura da planta 3 dias após o encharcamento, PH 6DAT= Altura da planta 6 dias após o encharcamento, PH 9DAT= Altura da planta 9 dias após o encharcamento, NLL 3DAT= Número de folhas vivas 3 dias após o encharcamento, NLL 6DAT= Número de folhas vivas 6 dias após o encharcamento, NLL 9DAT= Número de folhas vivas 9 dias após o encharcamento, MR= taxa de mortalidade percentual (%), LA 3DAT=Área foliar 3 dias após o encharcamento, LA 6DAT=Área foliar 6 dias após o encharcamento, LA 9DAT=Área foliar 9 dias após o encharcamento CC=Teor de clorofila, P. Corn= Milho de pipoca, MHR=Mohor, BRN=Bornali

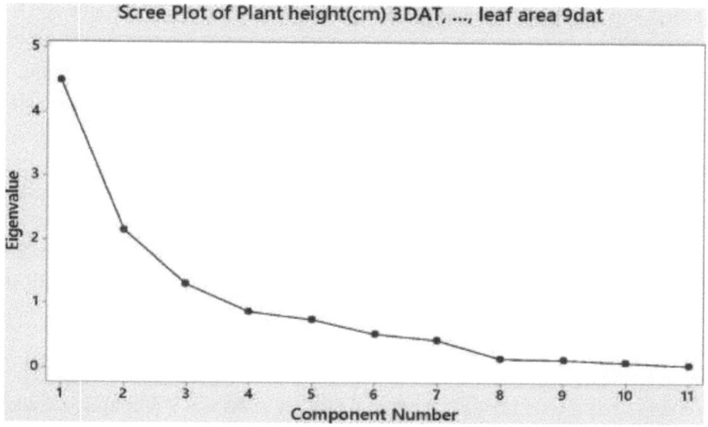

Figura 4.16 Gráfico de Scree plot dos traços morfológicos importantes estudados

4.6 Estudos de coeficientes de correlação fenotípica

O coeficiente de correlação revelou associações entre todos os textos. Das 68 associações, 27 associações foram altamente significativas, 11 foram significativas e as restantes não foram significativas. No caso das altamente significativas, a maior parte delas era positiva e significativa com as caraterísticas e algumas eram negativas e significativas. No caso da significância, a maioria era positivamente significativa com as caraterísticas e algumas eram negativamente significativas.

A altura da planta aos 3 dias após o alagamento apresentou uma correlação altamente significativa e positiva com a altura da planta aos 6 dias após o tratamento, a altura da planta aos 9 dias após o tratamento, o número de folhas vivas aos 3 dias após o tratamento, o número de folhas vivas aos 6 dias após o tratamento e o número de folhas vivas aos 9 dias após o tratamento.

A altura da planta aos 6 dias após o tratamento mostrou-se altamente significativa e positivamente correlacionada com a altura da planta aos 9 dias após o tratamento, número de folhas vivas aos 3 dias após o tratamento, número de folhas vivas aos 6 dias após o tratamento, número de folhas vivas aos 9 dias após o tratamento e positivamente significativa para o teor de clorofila, área foliar aos 3 dias após o tratamento, área foliar aos 6 dias após o tratamento.

A altura da planta aos 9 dias após o tratamento foi altamente e positivamente correlacionada com a altura da planta aos 3 dias após o tratamento, altura da planta aos 6 dias após o tratamento, número de folhas vivas aos 3 dias após o tratamento, número de folhas vivas aos 6 dias após o tratamento, número de folhas vivas aos 9 dias após o tratamento, teor de clorofila, área foliar aos 3 dias após o tratamento, área foliar aos 6 dias após o tratamento e área foliar aos 9 dias após o tratamento.

O número de folhas vivas aos 3 dias após o tratamento mostrou-se altamente e positivamente correlacionado com a altura da planta aos 3 dias após o tratamento, altura da planta aos 6 dias após o tratamento, altura da planta aos 9 dias após o tratamento, número de folhas vivas aos 6 dias após o tratamento, número de folhas vivas aos 9 dias após o tratamento e teor de clorofila.

O número de folhas vivas aos 6 dias após o tratamento apresentou uma correlação elevada e positiva com a altura da planta aos 3 dias após o tratamento, a altura da planta aos 6 dias após o tratamento, a altura da planta aos 9 dias após o tratamento, o número de folhas vivas aos 3 dias após o tratamento, o número de folhas vivas aos 9 dias após o tratamento, o teor de clorofila e a área foliar aos 3 dias após o tratamento e uma correlação negativa com a taxa de mortalidade.

O número de folhas vivas aos 9 dias após o tratamento foi altamente e negativamente correlacionado com a altura da planta aos 3 dias após o tratamento, altura da planta aos 6 dias após o tratamento, altura da planta aos 9 dias após o tratamento, número de folhas vivas aos 3 dias após o tratamento, número de folhas vivas aos 6 dias após o tratamento, teor de clorofila e negativamente correlacionado com a taxa de mortalidade. Está significativamente correlacionado com a área foliar aos 3 dias após o tratamento e a área foliar aos 9 dias após o tratamento.

A taxa de mortalidade (%) tem uma correlação altamente negativa com o número de folhas vivas aos 6 dias após o tratamento, o número de folhas vivas aos 9 dias após o tratamento e o teor de clorofila e uma correlação significativamente negativa com a área foliar aos 3 dias após o tratamento e a área foliar aos 9 dias após o tratamento.

O teor de clorofila foi altamente correlacionado positivamente com a altura da planta aos 6 dias após o tratamento, altura da planta aos 9 dias após o tratamento, número de folhas vivas aos 3 dias após o tratamento, número de folhas vivas aos 6 dias após o tratamento, número de folhas vivas aos 9 dias após o tratamento, área foliar aos 3 dias após o tratamento, área foliar aos 6 dias após o tratamento, área foliar aos 9 dias após o tratamento e negativamente com a taxa de mortalidade.

A área foliar aos 3 dias após o tratamento apresentou uma correlação positiva elevada com a altura da planta aos 9 dias após o tratamento, o teor de clorofila e a área foliar aos 9 dias após o tratamento. Foi significativamente correlacionada com a altura da planta aos 6 dias após o tratamento, número de folhas vivas aos 6 dias após o tratamento, número de folhas vivas aos 9 dias após o tratamento, área foliar aos 6 dias após o tratamento e negativamente correlacionada com a taxa de mortalidade.

A área foliar aos 6 dias após o tratamento mostrou-se significativamente correlacionada de forma positiva com a altura da planta aos 6 dias após o tratamento, altura da planta aos 9 dias após o tratamento, teor de clorofila, área foliar aos 3 dias após o tratamento.

A área foliar aos 9 dias após o tratamento apresentou uma correlação positiva significativa com a altura da planta aos 9 dias após o tratamento, o número de folhas vivas aos 9 dias após o tratamento, o teor de clorofila, a área foliar aos 3 dias após o tratamento e uma correlação negativa com a taxa de mortalidade.

Quadro 4.16 Coeficiente de correlação fenotípica dos caracteres morfológicos dos genótipos de milho

	PH 3DAT	**PH 6DAT**	**PH 9DAT**	**NL 3DAT**	**NL 6DAT**	**NL 9DAT**	**RM**	**CC**	**LA 3DAT**	**LA 6DAT**	**LA 9DAT**
PH 3D	1										

AT											
PH 6DAT	0.924***	1									
PH 9DAT	0.902***	0 947***	1								
NL 3DAT	0.583***	0.612***	0.633***	1							
NL 6DAT	0.416***	Q 4g***	0.512***	0.703***	1						
NL 9DAT	0.307***	0.351***	0 404***	0.558***	0.824***	1					
RM	0.107	0.068	-0.017	-0.078	-0.524***	-0.706***	1				
CC	0.138	0.183**	0.28***	0 299***	0 491***	0.579***	-0.565***	1			
LA 3DAT	0.108	0.174**	0.218***	0.075	0.167**	0.153*	-0.14*	0.254***	1		
LA 6DAT	0.083	0.125*	0.163**	0.029	0.026	0.036	-0.118	0.218***	0.154*	1	
LA 9DAT	0.101	0.1	0.131*	0.083	0.16	0.166**	-0.142*	0.256***	0.244***	0.113	1

*, ** & ***= Significativo a um nível de probabilidade <5%, <1% & <0,1%, respetivamente PH 3DAT= Altura da planta aos 3 dias após o tratamento, PH 6DAT= Altura da planta aos 6 dias após o tratamento, PH 9DAT= Altura da planta aos 9 dias após o tratamento, NL 3DAT= Número de folhas vivas aos 3 dias após o tratamento, NL 6DAT= Número de folhas vivas aos 6 dias após o tratamento, NL 9DAT= Número de folhas vivas aos 9 dias após o tratamento, MR= Taxa de mortalidade, CC= Teor de clorofila, LA 3DAT= Área foliar aos 3 dias após o tratamento, LA 6DAT= Área foliar aos 6 dias após o tratamento, LA 9DAT= Área foliar aos 9 dias após o tratamento.

4.7 Estimativa dos parâmetros genéticos

Foram apresentados diferentes parâmetros genéticos, tais como variâncias genotípicas, variâncias fenotípicas, hereditariedade, coeficiente de variação genotípica (GCV), coeficiente de variação fenotípica (PCV), avanço genético e avanço genético em percentagem da média, GA (%) de dez genótipos de milho para todas as caraterísticas (Quadro 4.20).

4.7.1 Parâmetros de variabilidade

Os genótipos apresentam uma variação genética significativa em vários caracteres, o que indica que a seleção para esses caracteres pode ser eficaz. O estudo da variância revelou que a variância genotípica era elevada e que as variâncias fenotípicas para todos os caracteres indicam a influência do fator genético nestes caracteres. A variância fenotípica mais elevada foi registada pelo número total de folhas vivas aos nove dias após o encharcamento e a variância fenotípica mais baixa foi registada pela área foliar por planta aos nove dias após o encharcamento. O coeficiente de variação indicou que as avaliações do coeficiente de variação fenotípica (PCV) foram mais elevadas do que o correspondente coeficiente de variação genotípica (GCV) para a maioria das caraterísticas. O maior PCV foi registado para a área foliar por planta aos nove dias após o encharcamento (55,81%) e o menor PCV foi registado para o número total de folhas vivas aos nove dias após o encharcamento (27,23%). No caso do GCV, a área foliar por planta aos nove dias após o encharcamento registou o GCV mais elevado (41,75%) e o GCV mais baixo registado para o número de folhas vivas aos nove dias após o encharcamento (21,21%).

4.7.2 Hereditariedade

As estimativas de hereditariedade em sentido lato indicaram que o número total de folhas vivas aos três dias após o encharcamento e a altura da planta eram altamente hereditários (79,85% e 76,08%). O resto das caraterísticas mostrou baixa hereditariedade.

4.7.3 Avanço genético

A altura da planta aos três, seis e nove dias após o encharcamento, a área foliar aos três, seis e nove dias após o encharcamento apresentaram um elevado avanço genético, enquanto o número total de folhas vivas aos nove dias apresentou o menor avanço genético. O avanço genético em percentagem da média foi mais elevado no caso da altura da planta aos três dias após o alagamento, enquanto o mais baixo foi registado na área foliar aos seis dias após o tratamento, entre as caraterísticas.

Quadro 4.17 Estimativa dos parâmetros genéticos para os caracteres morfológicos dos genótipos de milho

Personagens	GV (5^2 p)	PV (5^2 g)	PCV (%)	GCV (%)	h^2 b (%)	AG	GA (%)
PH 3D AT	374.77	492.57	39.62	34.55	76.08	34.785	62.097
PH 6DAT	432.27	576.27	38.75	33.56	75.01	37.094	59.876
PH 9DAT	508.8	699.5	39.31	33.53	72.73	39.629	58.908
NL 3D AT	5.31	6.643	32.45	29.00	79.85	4.2407	53.394
NL 6DAT	4.76	6.4627	31.63	27.15	73.66	3.8577	48.005
NL 9DAT	2.94	4.87	27.23	21.21	60.69	2.75	34.054
RM	56.7	137	48.48	31.188	41.38	9.979	41.333
CC	79.43	191.03	36.92	23.81	41.58	11.839	31.631
LA 3D AT	352155.7	734746.7	53.39	36.96	47.93	846.317	52.719
LA 6DAT	394518	998788	51.40	32.31	39.49	813.2	41.831
LA 9DAT	585483	1045977	55.81	41.75	55.97	1179.29	64.359

PV (<Yp) = Variância fenotípica. GV (8^2 g) = Variância genotípica. PC V (%) = Coeficiente de variação fenotípica. GC V (%) = Coeficiente de variação genotípica. Ifb (%) = hereditariedade. AG = avanço genético e AG (%) = avanço genético em percentagem da média. PH 3DAT= Altura da planta aos três dias após o tratamento. PH 6DAT= Altura da planta aos seis dias após o tratamento. PH 9DAT= Altura da planta aos nove dias após o tratamento NL 3D AT= Número de folhas aos três dias após o tratamento NL 6DAT= Número de folhas aos seis dias após o tratamento NL 9D AT= Número de folhas aos nove dias após o tratamento MR= Taxa de mortalidade. CC= Teor de clorofila. LA 3D AT=

Área foliar aos três dias após o tratamento. LA 6D AT= Área foliar aos stx dias após o tratamento LA 9D AT= Área foliar aos nove dias após o tratamento.

CAPÍTULO 5

DISCUSSÃO

5.1 Impacto do stress do encharcamento nos traços morfológicos

Este estudo foi conduzido para investigar a resposta de caraterísticas morfofisiológicas do milho, juntamente com a resposta de caraterísticas bioquímicas sob condições de encharcamento. genótipos sob condições de encharcamento. A tendência de aumento da altura das plantas de alguns genótipos de milho.

5.1.1 Altura da planta

De acordo com Parent *et al.* (2008), a altura da planta e a altura da espiga no milho foram severamente afectadas em quase todos os genótipos. Em contrapartida, Li *et al.* (2011) concluíram que o encharcamento não afectou significativamente a altura das plantas. No presente estudo, as diferenças significativas na altura das plantas sob encharcamento e a interação varietal significativa indicaram que a seleção para a tolerância ao encharcamento poderia ser eficaz.

5.1.2 Número total de folhas vivas

No processo de sobrevivência em condições de stress, as plantas perdem frequentemente as suas folhas vivas. A condição anóxica em torno da raiz causada pelo encharcamento tem o maior efeito adverso (Dennis *et al.*, 2000). As folhas afectadas tornam-se amarelas e os estomas fecham-se. Após o encharcamento, a taxa de crescimento das folhas abranda e as folhas tornam-se amarelas de baixo para cima. Algumas folhas ficam amarelas e morrem e, por vezes, a planta inteira morre (Mano *et al.* 2002). No presente estudo, verificou-se uma tendência de diminuição gradual do número de folhas vivas nos genótipos susceptíveis. Este resultado estava de acordo com as conclusões de Vwioko *et al.* (2017), uma vez que a redução das folhas da planta de milho começou após uma semana de encharcamento e, gradualmente, todas as plantas perderam as suas folhas e, eventualmente, a murcha da porção apical tornou-se aparente.

5.1.3 Taxa percentual de mortalidade foliar

Na presente experiência, foi observada uma elevada taxa de mortalidade foliar, tendo a taxa de mortalidade mais elevada sido registada no genótipo suscetível BHM-7. A taxa mais elevada de mortalidade no BHM-7 indica que, devido ao stress, as raízes das plantas susceptíveis não conseguem transportar água e nutrientes, o que resulta na morte das plantas. Uma vez que as raízes não conseguem transportar eficazmente a água e os nutrientes em condições de hipoxia ou anóxia, as funções dos rebentos são afectadas e podem ser observados sintomas visíveis como a murchidão, a senescência e a morte (Sasidharan & Voesenek, 2015). Vwioko *et al.* (2017) verificaram que o número de plantas de milho sobreviventes sob o tratamento diminuiu à medida que a duração da condição de alagamento progrediu.

5.1.4 Teor de clorofila

A clorofila é um componente importante do cloroplasto que tem uma relação positiva com a fotossíntese (Anjum *et al.* 2011). Um dos primeiros sintomas de stress, que pode estar relacionado com a deficiência de azoto causada pela lixiviação e desnitrificação do azoto do solo, foi identificado como uma diminuição significativa do teor de clorofila das folhas sob stress hídrico (Zaidi e Singh, 2001). Nesta experiência, a maior diminuição da clorofila foi registada no genótipo suscetível BHM-7. A mesma concordância foi encontrada na experiência de Ajaz *et al.* (2009), segundo a qual o verde relativo da folha também foi afetado devido ao tratamento de inundação, uma vez que se verificou um desvanecimento da cor da folha na maioria dos casos, tal como refletido pelos valores SPAD correspondentes (verde relativo).

5.2 Impacto na estrutura anatómica

A formação de aerênquima sob stress hídrico é uma modificação anatómica notável. O aerênquima é a área de armazenamento de oxigénio que facilita o movimento do gás no córtex da raiz, facilitando assim a respiração aeróbica em órgãos submersos (Mano & Omori, 2013). Uma vez formados os tubos entre as raízes e os rebentos, o metabolismo celular pode ser oxigenado e mantido. Um grande número de espécies, incluindo o milho, pode formar aerênquima nos rebentos e nas raízes (He *et al.,* 1996a). Nesta experiência, encontrámos diferenças na estrutura anatómica da raiz entre dois tratamentos e os genótipos tolerantes produziram um grande número de células de aerênquima em comparação com os genótipos susceptíveis (Figura 6). O aerênquima está relacionado com a condutividade hidráulica nas raízes, onde a absorção de água e nutrientes pode ocorrer mesmo a uma taxa mais baixa (Irfan *et al.* 2010). O papel das enzimas antioxidantes e de afrouxamento da parede celular na formação de aerênquima em raízes de milho Saracura (*Zea mays* L.) com tolerância contrastante ao encharcamento revelou que o estresse de longo prazo melhora a atividade das enzimas envolvidas no afrouxamento da parede celular, ligada a uma defesa mais eficaz dos antioxidantes (De Souza *et al.* 2017). As plantas em suas raízes apresentaram aerênquima constitutivo, e sabe-se que essas estruturas estão associadas a uma maior tolerância ao excesso de água (Imaz *etal.* 2013; Mano e Omori, 2013).

5.3 Impacto do encharcamento nas caraterísticas bioquímicas

Naturalmente, as plantas enfrentam vários tipos de stress biótico e abiótico devido a alterações nos componentes bioquímicos que causam alterações no seu sistema metabólico. De acordo com Jaiswal (2018), em condições de encharcamento, verificou-se um aumento do teor de APX. Para proteger as células dos efeitos prejudiciais, uma enzima como a APX é essencialmente necessária para eliminar as ROS ou regenerar os antioxidantes. Para desintoxicar o H2O2, a APX como isoenzima é mais eficaz, uma vez que está amplamente distribuída no interior das células das plantas superiores (Shigeoka *et al.* 2002). No presente estudo, o teor de APX aumentou consideravelmente nos genótipos tolerantes em condições tratadas, em comparação com o controlo.

Em resposta a stresses bióticos/abióticos, a síntese e a acumulação de peroxidase são maioritariamente estimuladas nas plantas (Giorgi *et al.*, 2009). Yadav *et al.* (2017) verificaram que, com o aumento da duração do encharcamento, a atividade da POD aumentou gradualmente e o genótipo resistente registou uma maior atividade da POD em resposta ao stress do encharcamento em comparação com o genótipo sensível. A POD é responsável pela eliminação de H2O2 gerado sob estresse oxidativo. Assim, no genótipo resistente, estas enzimas eliminam o excesso de H2O2 de forma mais eficaz e conferem resistência ao stress por encharcamento. Os genótipos que têm uma melhor capacidade de desintoxicação enzimática (POD) ou não enzimática de espécies reactivas de oxigénio ou que produzem menos espécies reactivas de oxigénio são considerados resistentes ao stress por encharcamento (Lin *et al.,* 2004). No presente estudo, o maior aumento da POD foi observado no genótipo tolerante BHM-13, o que indica que este genótipo era relativamente tolerante ao stress de encharcamento.

Os stresses abióticos levaram à produção excessiva de ROS, como o H2O2 (Polle, 2001). Estas ERO são altamente reactivas na natureza e causam danos a uma variedade de moléculas celulares e metabolitos (Ashraf, 2009). De acordo com Yadav *et al.* (2017), após a imposição de stress por encharcamento, o nível de peróxido de hidrogénio (H_2O_2) aumentou tanto nos genótipos de milho resistentes como nos sensíveis, mas o genótipo sensível revelou um teor de H2O2 relativamente mais elevado em condições de encharcamento. No presente estudo, o maior aumento de H2O2 foi observado no BM-6, o que indica que foi mais suscetível ao estresse por alagamento porque tem menor capacidade de eliminação.

5.4 Diferenças varietais

Foi encontrada uma variação significativa entre os dez genótipos de milho, com algumas excepções que justificam a investigação anterior, principalmente devido aos seus potenciais genéticos intra e interespecíficos (Vwioko *et al.*, 2017; Zaidi et al., 2003; Zaidi e Singh, 2001; Ren *et al.*, 2014). A maioria dos genótipos obteve o melhor desempenho nas condições de controlo para as caraterísticas morfológicas, exceto a percentagem de mortalidade em comparação com as condições tratadas. As caraterísticas bioquímicas também apresentaram variações significativas entre os genótipos.

5.5 Interação da diferença entre o tratamento de encharcamento e o genótipo

O tratamento de encharcamento foi aplicado a dez genótipos de milho e a análise de variância mostrou que houve diferenças significativas na interação entre a altura das plantas, o teor de clorofila, a APX, a POD e o H_2O_2. Uma interação significativa entre tratamento e genótipo indicou uma variação varietal na tolerância ou suscetibilidade ao stress de alagamento ao nível das caraterísticas, que pode ser utilizada para estudos posteriores. Foram aplicados diferentes níveis de encharcamento (controlo e encharcamento) em diversos genótipos em circunstâncias diferentes que, cumulativamente, produzem uma interação significativa entre eles, tal como referido noutros estudos (Zaidi *et al.*, 2009; Vwioko *et al.*, 2017).

5.6 Associações de caraterísticas

A combinação mais desejável dos atributos estudados foi obtida a partir da análise de componentes principais utilizando valores médios e o biplot apresentou a extensão da variação explicada pelas respectivas caraterísticas e pela combinação de tratamentos genotípicos na PCA. A PC1 separou claramente os tratamentos de encharcamento e controlo e genótipos x encharcamento de forma significativa. No biplot, a maioria dos genótipos x tratamento de encharcamento mostrou-se negativamente associada e a maioria dos genótipos x controlo positivamente associada. Está claramente definido que o desempenho dos genótipos x controlo foi melhor do que o do encharcamento na consideração de caraterísticas máximas. O PC2 indicou pontuações de PC positivas e negativas para a diferença genotípica e genótipo x tratamento de forma significativa. As variedades BM-6, BM-7, BHM-7, BHM-9, BHM-12, BHM-13, BHM-14, Popcorn e Barnali têm um desempenho potencialmente melhor em ambos os tratamentos. Estes resultados mostram que estas variedades podem ter um melhor desempenho em condições de stress.

De acordo com Olowe *et al.* (2013), os seus resultados experimentais podem possivelmente indicar as diferenças na tolerância dos diferentes genótipos de milho utilizados, como foi encontrado em linha com o resultado obtido por Grzesiak (2001), que relatou uma variabilidade genotípica considerável entre vários genótipos de milho para diferentes caraterísticas.

5.4 Estimativa dos parâmetros genéticos de 10 genótipos de milho

A estimativa do coeficiente de variação genotípica (GCV) reflecte a quantidade total de variabilidade genotípica. No entanto, o estudo do coeficiente de variação fenotípica (PCV) e do coeficiente de variação genotípica (GCV) não só é útil para comparar a quantidade relativa de variações fenotípicas e genotípicas entre vários caracteres, como também é muito útil para estimar a possibilidade de melhoramento por seleção. Uma estratégia de melhoramento eficaz para o desenvolvimento de cultivares tolerantes ao encharcamento depende, em primeiro lugar, de um bom conhecimento e compreensão do mecanismo de herança da tolerância ao stress no milho. As estimativas dos coeficientes de variação fenotípica (PCV) e genotípica (GCV) (Quadro 4.20) indicaram que os valores de PCV eram superiores aos de GCV, mas a diferença não era mais estreita entre estas duas estimativas para casos máximos. O resultado deve-se ao facto de a expressão das diferentes caraterísticas em estudo ser mais influenciada por factores ambientais. Estimativas elevadas de hereditariedade, juntamente com um elevado avanço genético, são mais úteis para prever o ganho sob seleção com base no desempenho fenotípico do que apenas a hereditariedade (Singh e Chaudhary, 1985). Do mesmo modo, o carácter que apresenta uma elevada hereditariedade também apresenta um elevado avanço genético (Johnson *et al.*, 1955).

A hereditariedade e o GA, juntamente com o GCV, podem fornecer a melhor imagem da quantidade de avanço a ser esperada através da seleção fenotípica (Malek *et al.*, 2014). Assim, valores elevados de hereditariedade e GA (%) juntamente com GCV para os caracteres como altura da planta, número de folhas vivas, teor de clorofila e área foliar podem ser considerados como caraterísticas favoráveis para a tolerância do milho para a seleção fenotípica eficaz desses traços e alto ganho genético esperado da seleção para esses caracteres pode ser alcançado. Este resultado deve-se à ação genética aditiva que controla os caracteres e responderia muito bem à seleção contínua (Sharma *et al.*, 2006). No entanto, a baixa hereditariedade e o GA (%), juntamente com o baixo GCV para outros caracteres, expressam um baixo desvio padrão fenotípico devido à ação genética não aditiva e a seleção fenotípica destes caracteres pode não ser eficaz.

CAPÍTULO 6

CONCLUSÕES

O milho (*Zea mays* L.) tornou-se uma importante cultura cerealífera no sistema de cultivo à base de arroz devido à sua elevada produtividade e à sua aptidão para crescer na maioria das zonas do Bangladesh. Na maior parte das zonas, as chuvas sazonais prolongadas, que resultam em encharcamento, causam sempre graves perdas de culturas. Este estudo fornece alguns conhecimentos valiosos e a compreensão da tolerância do milho ao encharcamento, tendo em conta alguns traços morfológicos e bioquímicos importantes. Este estudo investigou as caraterísticas relacionadas com a tolerância ao encharcamento e a sua resposta aos tratamentos na fase vegetativa. A altura das plantas aumentou no BHM-14 e no BHM-9 em comparação com o controlo em condições de encharcamento. O número total de folhas vivas diminuiu sobretudo nos genótipos susceptíveis BM-7 e BM-6 e o teor de clorofila diminuiu no genótipo suscetível BHM-7 sob stress de encharcamento, em comparação com o controlo. A análise bioquímica mostrou que os genótipos tolerantes apresentaram maiores actividades enzimáticas de APX e POD e acumularam menor teor de H2O2 sob stress de encharcamento em comparação com o controlo. Os resultados sugerem que os genótipos BHM-9, BMH-13 e BHM-14 apresentaram maior tolerância ao encharcamento, ao passo que BM-6, BM-7 e BHM-7 apresentaram suscetibilidade ao encharcamento. No entanto, a experiência foi efectuada apenas com 10 genótipos de milho. Outros estudos com populações geneticamente mais diversificadas podem elucidar e confirmar os resultados deste estudo.

REFERÊNCIAS

Ababulgu DA 2014: *Diversidade genética e capacidade de combinação de linhas genéticas selecionadas de milho de proteína de qualidade (QPM) adaptadas à agro-ecologia das terras altas da Etiópia.* Dissertação de doutoramento, Universidade de KwaZulu-Natal, Pietermaritzburg.

Abbasi HK, Zablotowicz RM, Shier WT, Jhonson BJ, Phillis NA, Weaver MA, Abel CA, Bruna HA 2015: Aflatoxina e Fumonisina em Milho (*Zea mays* L.) Infetado por Sarna Comum *Ustilago maydis*. *Plant Disease* **99** 1236-1240.

Aguirre GJA, Bellon MR, Smale M 1998: A regional Analysis of Maize Biological Diversity in Southeastern Guanajuato, Mexico. CIMMYT Economics Working Paper 98-06. México, D. F.: CIMMYT

Ahmed S, Nawata E, Hosokawa M, Domae Y, Sakuratani T 2002: Alterações na fotossíntese e em algumas actividades enzimáticas antioxidantes do feijão mungo sujeito a encharcamento. *Plant Science* **163** 117-123.

Ajaz A, Lone, Warsi MZK 2009: Response of Maize (*Zea mays* L.) To Excess Soil Moisture (ESM) Tolerance at Different Stages of Life Cycle [Resposta do milho (*Zea mays* L.) à tolerância ao excesso de humidade do solo (ESM) em diferentes fases do ciclo de vida]. *Botany Research International* **2 (3)** 211-217.

Akhtar I, Nazir N 2013: Efeito do stress hídrico e da seca nas plantas. *Revista Internacional de Recursos Hídricos e Ciências Ambientais* **2** 34-40.

Ali MA, Sarwern AKMG, Prodhan AKMA 1999: Effect of water stress on the growth features of different maize (*Zea mays* L.) cultivars. *Pakistan Journal of Botany* **31** 455-460.

Allard RW, Bradshaw AD 1964: Implications of genotype-environmental interaction in applied plant breeding *Crop Science* **4(5)** 503-508.

Alscher RG, Donahue JL, Cramer CL 1997: Reactive oxygen species and antioxidants: relationship in green cells. *Physiologia Plantarum* **100** 224-233.

Amin MN, Amiruzzaman M, Ahmed A, Ali MR. 2014: Estudo da capacidade de combinação em milho tolerante ao alagamento (*Zea mays* L.). *Jornal de Investigação Agrícola do Bangladesh* **39** 283-291.

Anshuman V, Dixit N, Dipika D, Sharma S, Marker S 2013: Estudos sobre a hereditariedade e estimativas de avanço genético em genótipos de milho. *Bioscience Discovery* **4(2)** 165-168.

Apel K, Hirt H 2004: Reactive oxygen species: metabolism oxidative stress and signal transduction. *Revisão anual da biologia molecular das plantas* **55** 373-399.

Ashraf M 2009: Abordagem biotecnológica para melhorar a tolerância das plantas ao sal utilizando antioxidantes como marcadores. *Biotechnology Advances* **27** 84-93.

Ashraf MA 2012: Stress de encharcamento nas plantas: uma revisão. *Jornal Africano de Investigação Agrícola* **7** 1976-1981.

Avinash J, Mishra DK, Singh SK 2016: Análise de componentes principais em raças terrestres de elite de genótipos de milho (*Zea mays* L.). *Ambiente e Ecologia* **34** 2032-2036.

Azad MAK, Biswas BK, Alam N, Alam SS 2012: Genetic diversity in maize (*Zea mays* L.) inbred lines. *The Agriculturists* **10** 64-70.

Bailey-Serres J, Voesenek LACJ 2008: Flooding stress: acclimations and genetic diversity. *Revisão Anual de Biologia Vegetal* ***59*** 313-339.

Bajpai S, Chandra R 2015: Efeito do stress do encharcamento nas caraterísticas de crescimento e na expressão do gene SOD na cana-de-açúcar. *Revista Internacional de*

Investigação Científica Publicação ***5*** 1-8.
BBS 2006: Statistical Yraebook of Bangladesh. Gabinete de Estatística do Bangladesh, Divisão de Planeamento, Ministério do Planeamento, Governo da República Popular do Bangladesh. Dhaka.
BBS 2017: Summery crop statistics and crop indices, Agricultural wing, Bangladesh Bureau of Statistics, Planning Division, Ministry of Planning, Government of People's Republic of Bangladesh. Dhaka. pp. 23.
Begum S, Ahmed A, Omy SH, Rohman MM, Amiruzzaman M 2016: Variabilidade genética, associação de caracteres e análise de caminhos no milho (*Zea mays* L.). *Bangladesh Journal of AgriculturalResrarch* **41** 173-182.
Bekele TA, Rao N 2014: Estimativas de heritabilidade, avanço genético e estudo de correlação para o rendimento e seus atributos em milho (*Zea mays* L.) . *Jornal de Ciências Vegetais* **2(1)** 14.
Bin T, Shang-zhong XU, Zou XL, Zheng YL, Qi FZ 2010: Alterações das enzimas antioxidantes e da peroxidação lipídica nas folhas e raízes de genótipos de milho tolerantes ao alagamento e sensíveis ao alagamento na fase de plântula. *Agricultural Science in China* **9** 651-661.
Biswas JC, Kalra Naveen 2018: Efeito do encharcamento e da submersão na fisiologia e no crescimento de diferentes culturas e seus remédios: Bangladesh Perspectives. *Saudi Journal of Engineering and Technology* **3** 315-328.
Blokhina O, Virolainen E, Fagerstedt V 2003: Antioxidants, oxidative damage and oxygen deprivation stress: a review. *Anais de Botânica* **91** 179-194.
Bowler C, Montagu MV, Inze D 1992: Superoxide dismutase and stress tolerance. *Annual Review of Plant Physiology and Plant Molecular Biology* **43** 83-116.
Bray EA, Bailey-Serres J, Weretilnyk E 2000: Response to abiotic stresses. *Biochemistry and Molecular Biology of Plants* 1158-1249.
Brejda JJ, Moorman TB, Karlen DL, Dao TH 2000: Identification of regional soil quality factors and indicators I. Central and Southern High Plains. *Soil Science Society of America Journal* ***64*(6)** 2115-2124.
Burton GW 1952: Quantitative inheritance in grasses (Herança quantitativa em gramíneas). *Actas do 6º Congresso Internacional de Pastagens* **1952** 277-283.
Capon SJ, Jamesb CS, Williams L, Quinnc GP 2009: Responses to flooding and drying in seedlings of a common Australian desert floodplain shrub: *Muehlenbeckia florulenta* Meisn. *Environmental and Experimental Botany* **66** 178-185.
Carvalho PD, MAA, Gananga JFT, Abreu I, Sousa NF, Dos Santos TMM, Clemente
Vieira MR, Motto M 2008: Avaliação da diversidade do milho (*Zea mays* L.) no Arquipélago da Madeira. *Recursos Genéticos e Evolução das Culturas* ***55*** 221-233.
CIMMYT. 2000. Investigação CGIAR, Áreas de Investigação: Milho (*Zea mays* L.). <http://www.cgiar.org/areas/maize.htm>.
Colmer TD, Voesenek LAC 2009: Flooding tolerance: suites of plant traits in variable environments. *Functional Plant Biology* ***36*** 665-681.
Comstock RE, Robinson HF 1952: Genetic parameters, their estimation and significance. *Actas do 6º Congresso Internacional de Pastagens* **1** 248-291.
Damanik RI, Maziah M, Ismail MR, Ahmad S, Zain AM 2010: Respostas das enzimas antioxidativas em cultivares de arroz da Malásia (*Oryza sativa* L.) em condições de submersão. *Ata Physiologiae Plantarum* ***32*** 739-747.

de Azevedo NAD, Prisco JT, Eneas FJ, de Abreu CEB, Gomes FE 2006: Efeito do stress salino sobre as enzimas antioxidativas e a peroxidação lipídica em folhas e raízes de genótipos de milho tolerantes e sensíveis ao sal. *Botânica Ambiental e Experimental* ***56***: 87-94.

De Souza KRD, de Oliveira SM, Andrade CA, da Silva DM, Campos NA, Alves JD 2017. Formação de aerênquima no desenvolvimento inicial de raízes de milho sob encharcamento. *Fisiologia Vegetal Teórica e Experimental* ***29(4)*** 165-175.

Dennis ES, Dolferus R, Ellis M, Rahman M, Yu Y, Hoeren FU, Grover A, Ismond KP, Good AG, Peacock WJ 2000: Molecular strategies for improving water-logging tolerance in plants. *Journal of Experimental Botany* ***51*** 89-97.

Doebley J 1990: Molecular evidence for gene flow among *Zea* species. *BioScience.* ***40*** 443-448.

Dowswell CR, Paliwal RL, Cantrell RP 1996: Maize in the third world. Boulder, Colorado, Westview Press, EUA.

Du H, Zhu J, Su H, Huang M, Wang H, Ding S, Zhang B, Luo A, Wei S, Tian X, Xu Y 2017: Bulked Segregant RNA-seq revela expressão diferencial e SNPs de genes candidatos associados à tolerância ao encharcamento em milho. *Fronteiras na ciência das plantas* ***8***(1022) 1-13.

Eubanks MW 1993: Um cruzamento entre *Tripsacum dactyloides* e *Zea diploperennis. Boletim Informativo do Milho* ***67*** 39-41

Eubanks MW 1997a: Further evidence for two progenitors in the origin of maize. *Maize Newsletter* ***71*** 35-36.

FAO 2017: Organização das Nações Unidas para a Alimentação e a Agricultura, The Impact of Disasters and Crises on Agriculture and Food Security ***168***. Roma, Itália.

FAOSTAT, 2017: Disponível online em www.fao.org. (acedido em 30 de março de 2020)

Fiedler S, Vepraskas MJ, Richardson JL 2007: Soil redox potential: importance, field measurements, and observations. *Avanços em Agronomia* ***94*** 2-56.

Galinat WC 1988: *A origem do milho* (milho e melhoramento do milho). Sociedade Americana de Agronomia, Sociedade Americana de Ciência das Culturas, Sociedade Americana de Ciência do Solo. pp 1-31

Gambrell RP, Patrick WH 1978: *Propriedades químicas e microbiológicas de solos e sedimentos anaeróbios.* In: Hook DD, Crawford RMM (Editores). Plant life in anaerobic environments. Ann Arbor Science. pp 375-423.

Giorgi A, Mingozzi M, Madeo M, Speranza G, Cocucci, M 2009: Efeito da inanição de azoto no metabolismo fenólico e nas propriedades antioxidantes do milefólio (*Achillea collina* Beckerex Rchb.). *Química Alimentar* **14** 204-211.

GMR (Relatório do Mercado de Grãos) 2020: Conselho Internacional dos Cereais (http://www. Igc.int).

Grzesiak S 2001: Variação genotípica entre híbridos de cruzamento simples de milho; (*Zea mays* L.) em resposta ao stress da seca. *Ata Physiologiae Plantarum* **23** 443- 456.

Grzesiak S, Hura T, Grzesiak MT, Piefikowski S 1999: O impacto da humidade limitada do solo e das condições de stress de encharcamento nas caraterísticas morfológicas e anatómicas das raízes em híbridos de milho (*Zea mays* L.) com diferentes tolerâncias à seca. *Ata Physiologiae Plantarum* **21** 305-315.

Hanson CH, Robinson HF, Comstock RE 1956: Estudos biométricos do rendimento em populações segregantes de lespedeza coreana. *Agronomy Journal* **48(6)** 268-272.

Hasanuzzaman M, Hosssain MA, Silva JAT, Fujita M 2012: *Resposta das plantas e tolerância ao stress oxidativo abiótico: a defesa antioxidante é um fator chave*. In: Venkateswarlu B, Shanker AK, Shanker C, Maheswari M (Editores) Crop stress and its management: perspectives and strategies. Springer, Berlim. pp. 261-316.
Hasanuzzaman M, Nahar K, Rahman A, Mahmud JA, Hossain MS, Fujita M 2016: *Produção de soja e tensões ambientais*. In: Miransari M (Editores) Environmental stresses in soybean production. Académico, Nova Iorque. pp. 61-102.
He CJ, Finlayson SA, Jordan WR, Morgan PW 1996a: Ethylene biosynthesis during aerenchyma formation in roots of maize subjected to mechanical impedance and hypoxia. *Plant Physiology* **112** 1679-1685.
Hitchcock AS, Chase A 1971: Manual of the grasses of the United States. Dover, Nova Iorque. *Manual of the grasses of the United States. 2ª ed., Dover, Nova Iorque. Dover, Nova Iorque.*
Hossain Z, Lopez-Climent MF, Arbona V, Perez-Clemente RM, Gomez-Cadenas A 2009: Modulação do sistema antioxidante em citrinos sob encharcamento e subsequente drenagem. *Journal of Plant Physiology* **166** 1391-1404.
Hotelling H 1993: Análise de um complexo de variáveis estatísticas em componentes principais. *Journal of Educational Psycholog* **24** 417-441.
Hotelling Heath RL, Packer L 1968: Foto peroxidação em cloroplastos isolados: i. cinética e estequiometria da peroxidação de ácidos gordos. *Archives of Biochemistry and Biophysics* **125(1)** 189-198.
Hsu FC, Chou MY, Chou SJ, Li YR, Peng HP, Shih MC 2013: A submersão confere imunidade mediada pelo fator de transcrição WRKY22 em Arabidopsis. *Célula vegetal* **25** 2699-2713.
Imaz JA, Gime 'nez DO, Grimoldi AA, Stiker GG 2013: Os efeitos da submersão nas respostas anatômicas, morfológicas e de alocação de biomassa das gramíneas tropicais *Chloris gayana* e *Panicum coloratum* na fase de mudas. *Crop Pasture Science* **63** 1145-1155.
Imlay JA 2003: Pathways of oxidative damage. *Revisão Anual de Microbiologia* **57** 395418.
Irfan M, Hayat S, Hayat O, Afroz S, Ahmad A 2010: Physiological and biochemical changes in plants under waterlogging. *Protoplasma* **241** 3-17.
Irfan M, Hayat S, Hayat Q, Afroz F, Ahmad A 2010: Physiological and biochemical changes in plants under waterlogging. *Protoplasma* **241** 3-17.
Ito O, Ella E, Kawano N 1999: Physiological basis of submergence tolerance in rainfed lowland rice ecosystem. *Field Crop Research* **64** 75-90.
Jackson MB 2008: Ethylene-promoted elongation: an adaptation to submergence stress. *Anais de Botânica* **101** 229-248.
Jackson MB 2013: O impacto do stress das inundações nas plantas e culturas. Recuperado em 15 de julho de 2008, de URL disponível em: http://www. plantstress.com/ Articles/ (waterlogging).
Jackson MB, Colmer TD 2005: Resposta e adaptação das plantas ao stress da inundação. *Anais de Botânica* **96** 501-505.
Jackson MB, Ram PC 2003: Physiological and molecular basis of susceptibility and tolerance of rice plants to complete submergence. *Annals Botany* **91** 227-241.
Jahan SM 2016: *Análise da capacidade de combinação do milho (Zea mays L.) para caraterísticas economicamente importantes.* Mestrado em genética e melhoramento de plantas, Universidade Agrícola do Bangladesh, Mymensingh. 79 p.

Jaiswal A, Srivastava JP 2018: Alterações nos sistemas de eliminação de oxigénio reativo e perfis de proteínas nas raízes de milho em resposta ao óxido nítrico sob stress de alagamento. *Indian Journal of Biochemistry and Biophysics* **55** 26-33.

Johnson HW, Robinson HF, Comstock RE 1955: Estimates of genetic and environmental variability in soybeans. *Agronomy Journal* **47(7)** 314-318.

Juntawong P, Girke T, Bazin J, Bailey-Serres J 2014a: Dinâmica translacional revelada pelo perfil de todo o genoma de pegadas de ribossomos em Arabidopsis. *Actas da Academia Nacional de Ciências dos EUA* **111** 203-212.

Justin SHFW, Armstrong W 1987: The anatomical characteristics of roots and plant response to soil flooding. *New Phytologist* **106** 465-495.

Kaur G, Zurweller B, Peter PM, Kelly AN 2019: Triagem de híbridos de milho para tolerância ao encharcamento do solo em um estágio inicial de crescimento. *Agricultura 9*(2) 33.

Khan Kennedy RA, Rumpho ME, Fox TC 1992: Anaerobic metabolism in plants. *Fisiologia Vegetal* **100** 1-6.

Khan MIR, Asgher M, Khan NA 2014: O alívio da fotossíntese induzida por sal e a inibição do crescimento pelo ácido salicílico envolvem glicinebetaína e etileno em mungbean (*Vigna radiata* L.). *Fisiologia e Bioquímica de Plantas* **80** 67-74.

Khan MIR, Iqbal N, Masood A, Mobin M, Anjum N, Khan NA 2016a: Modulação e significado do metabolismo do azoto e do enxofre em plantas desafiadas com cádmio. *Regulação do crescimento das plantas* **78** 1-11.

Khan MIR, Khan NA (Editores) 2017: Espécies reativas de oxigênio e sistemas antioxidantes em plantas: Papel e regulação sob stress abiótico. *Springer Nature* **1.** Springer Singapura. pp. 270.

Khan MIR, Khan NA 2014: O etileno reverte a inibição fotossintética por níquel e zinco na mostarda através de alterações na atividade do PS II, na eficiência da utilização do fotossintético-nitrogénio e no metabolismo antioxidante. *Protoplasma* **251** 1007-1019.

Khan MIR, Nazir F, Asgher M, Per TS, Khan NA 2015: O selénio e o enxofre influenciam a formação de etileno e aliviam o stress oxidativo induzido pelo cádmio, melhorando a produção de prolina e glutatião no trigo. *Jornal de Fisiologia Vegetal* **178** 918.

Kreft H, Jetz W 2007: Global patterns and determinants of vascular plant diversity (Padrões globais e determinantes da diversidade de plantas vasculares). *Actas da Academia Nacional das Ciências* **104** 5925-5930.

Kroonenberg PM, Basford KE, Ebskamp AGM 1995: Three-way cluster and component analysis of maize variety trials. *Euphytica* **84** 31-42.

KSU 2018: Universidade do Estado do Kansas, Centro de Recursos de Genética do Trigo, manual de laboratório eletrónico. https://www.k-state.edu/wgrc/electronic_lab/aceto_stain.html

Kuk YI, Shin JS, Burgos NR, Hwang TE, Oksoo H, Cho BH, Jung S, Guh JO 2003: Antioxidative Enzymes Offer Protection from Chilling Damage in Rice Plants. *Crop Science* **43** 2109-2117.

Kumar V, Singh SK, Bhati PK, Sharma A, Sharma SK, Mahajan V 2014: Correlação, caminho e análise da diversidade genética no milho (*Zea mays* L.). *Ambiente e Ecologia 33* 971-975.

Li JC, Dong Q, Yu SW 2001: Effect of waterlogging at different growth stages on photosynthesis and yield of different wheat cultivars. *Acta Agronomica Sinica* **27** 434-442.

Liao CT, Lin CL 2001: Physiological adaptation of crop plants to flooding stress. *Actas do Conselho Nacional de Ciências, República da China (Parte B, Ciências da Vida)* **25** 148-157.
Lin KHR, Weng CC, Lo HF, Chen JT 2004: Estudo do sistema antioxidativo da raiz de tomates e plantas de ovos em condições de alagamento. *Ciência das Plantas* **167** 355365.
Lone AA, Warsi MZK 2009: Resposta do milho (*Zea mays* L.) à tolerância ao excesso de humidade do solo (ESM) em diferentes fases do ciclo de vida. *International Journal of Botany* **2** 211-217.
Louette D, Smale M 1998: Farmers' Seed Selection Practices and Maize Variety Characteristics in a Traditionally-Based Mexican Community. CIMMYT Economics Working Paper No. 98-04. México, D. F.: CIMMYT.
Luna V, Figueroa M, Baltazar M, Gomez L, Townsend R, Schoper JB 2001: Maize pollen longevity and distance isolation requirements for effective pollen control. *Crop Science* **41** 1551-1557.
Magneschi L, Perata P 2009: Germinação de arroz e crescimento de plântulas na ausência de oxigénio. *Anais de Botânica* **103** 189-196.
Mahesh N, Gowda MVC, Motagina BN, Garatna F 2013: Análise de correlação e coeficiente de caminho dos componentes de rendimento e karnel no milho. *Karnataka Journal of Agricultural Science* **26 (2)** 306-307.
Malek MA, Rafii MY, Afroz SS, Nath UK, Mondal M 2014: Caracterização morfológica e avaliação da variabilidade genética, associação de caracteres e divergência em mutantes de soja. *O Jornal Científico Mundial* 1-12.
Mangelsdorf PC 1974: *O milho. Its origin, evolution and improvement* (No. 2. ed.). Belknap Press of Harvard University Press.
Mani VP, Singh NK, Bisht GS, Sinha MK 1999: Variability and path coefficient study in indigenous maize (*Zea mays* L.) germplasm. *Environmental and Ecology* **17** 653-658.
Mano S, Nakamori C, Hayashi M, Kato A, Kondo M, Nishimura M 2002: Distribuição e caraterização de peroxissomas em Arabidopsis por visualização com GFP: morfologia dinâmica e movimento dependente de actina. *Plant Cell* Physiology **43**: 331-341.
Mano Y, Muraki M, Takamizo T 2006: Identificação de QTL que controlam a tolerância ao alagamento em condições de solo redutoras em plântulas de milho (*Zea mays* L.). *Ciência da Produção Vegetal* **9** 176-181.
Mano Y, Omari F, Tamaki H, Mitsuhashi S, Takahashi W 2016: Abordagem de seleção assistida por marcadores de ADN para o desenvolvimento de milho tolerante a inundações. *Japan Agricultural Research Quarterly* **50(3)** 175-182.
Mano Y, Omori F 2007: Criação de milho tolerante a inundações utilizando o teosinte como recurso de germoplasma. *Plant Root* **1** 17-21.
Mano Y, Omori F 2009: Mapa de ligação de alta densidade em torno do locus de aerênquima radicular Qaer 1.06 nas populações de retrocruzamento de milho Mi29 x teosinte *Zea nicaraguensis*. *Breeding Science* **59** 427-433.
Mano Y, Omori F 2013: Relação entre a formação de aerênquima radicular constitutivo e a tolerância ao alagamento em *Zea nicaraguensis*. *Planta e Solo* ***370*** 447-460.
McKersie BD, Leshem YY 1994: *Stress and Stress Coping in Cultivated Plants*. Kluwer Academic Publishes, Dordrecht. pp. 256.
Mittler R 2002: Oxidative stress, antioxidants and stress tolerance. *Trends in Plant Science* **7** 405-410.
Munawar M, Shahbaz M, Hammad G, Yasir M 2013: Correlação e análise de caminho dos

componentes de rendimento de grãos em híbridos exóticos de milho (*Zea mays* L.). *Revista Internacional de Ciências Básicas e Investigação Aplicada* **12** 22-27.

Mustroph A, Lee SC, Oosumi, T, Zanetti ME, Yang H, Ma K 2010: Comparação entre reinos dos ajustes transcriptómicos ao stress de baixo oxigénio destaca respostas conservadas e específicas das plantas. *Fisiologia Vegetal* **152** 1484-1500.

Nakano Y, Asada K 1981: Hydrogen peroxide is scavenged by ascorbate-specific peroxidase in spinach chloroplasts. *Fisiologia vegetal e celular* **22(5)** 867-880.

Olowe OM, Odebode AC, Olawuyi OJ, Akanmu AO 2013: Correlação, Análise de Componentes Principais e Tolerância de Genótipos de Milho à Seca e Doenças em Relação aos Traços de Crescimento. *Jornal Americano-Eurasiático de Ciências Agrárias e Ambientais* **13 (11)** 1554-1561.

Organização para a Cooperação e Desenvolvimento Económico (OCDE). Safety Assessment of Transgenic Orgainsms (Avaliação da segurança dos organismos transgénicos). 2006. Documento de consenso sobre a biologia de *Zea mays* subsp. mays (milho). Paris. 47-71.

Osman KA, Tang B, Wang Y, Chen J, Yu F, Li L, Han X, Zhag Z, Yan J, Zheng Y, You B, Qiu F 2013: Análise dinâmica de QTL e mapeamento de genes candidatos para tolerância ao encharcamento na fase de plântulas de milho. *PLOS ONE* **8**(11) e79305.

Paliwal RL 2000: Introduction to maize and its importance. *Tropical maize Improvement and Production (Editado por Paliwal, RL; Granados, G).*

Parelle J, Roudaut JP, Ducrey M 2006: Light acclimation and photosynthetic response of beech (*Fagus sylvatica* L.) saplings under artificial shading or natural Mediterranean conditions. *Anais de Ciências Florestais* ***63*** 257-266.

Parent C, Capelli N, Berger A, Cravecoeur M, Dat JF 2008: An overview of plant responses to soil waterlogging. *Plant Stress* ***2*** 20-27.

Pearson K 1901: On Lines and Planes of Closest Fit to Systems of Points in Space (Sobre Linhas e Planos de Maior Ajuste a Sistemas de Pontos no Espaço). *Revista Filosófica* ***2*** 559-572

Pezeshki SR 2001: Wetland plant responses to soil flooding. *Botânica Experimental Ambiental* ***46*** 299-312.

Polle A 2001: Dissecting the superoxide dismutase-ascorbate-glutathionepathway in chloroplasts by metabolic modeling: computer simulations as a step towards flux analysis. *Plant Physiology* ***126*** 445- 462.

Purseglove JW 1972: Tropical Crops: Monocotyledons 1. Longman Group Limited, Londres.

Radu A, Urechean V, Naidin C, Motorga V 1997: The theoretical significance of a mutant in the phylogeny of the species *Zea mays* L. *Maize Newsletter* ***71*** 77-78.

Rahman S, Mia MM, Quddus T, Hasan L, Haque MA, 2015: Avaliação da diversidade genética de genótipos de milho (*Zea mays* L.) para caraterísticas agronómicas. *Investigação em Agricultura, Pecuária e Pescas* ***2*** 53-61.

Rai RK, Srivastava JP, Shahi JP 2004: Effects of waterlogging on some biochemical parameters during early growth stages of maize. *Indian Journal of Plant Physiology* ***9*** 65-68.

Rasaei A, Ghobadi ME, Jalali-Honarmand S, Ghobadi M, Saeidi M 2012: Impacto do alagamento no desenvolvimento do ápice do rebento e efeitos de recuperação do azoto no rendimento do grão de trigo. *Jornal Europeu de Biologia Experimental* ***2*** 1000-1007.

Raychaudhuri S, Stuart JM, Altman RB 2000: Análise de componentes principais para resumir experiências de microarray: Aplicação a séries temporais de esporulação. Simpósio do Pacífico sobre Biocomputação.

Ren B, Zhang J, Li X, Fan X, Dong S, Liu P, Zhao B 2014: Efeitos do encharcamento no rendimento e crescimento do milho de verão em condições de campo. *Canadian Journal of Plant Science* **94** 23-31.

Rosegrant MW, Agcaoili M 2010: Global food demand, supply, and prices prospects. *Instituto Internacional de Investigação sobre Política Alimentar, Washington, DC, EUA.*

Sairam RK, Kumutha D, Ezhilmathi K, Deshmukh PS, Srivastava GC 2008: Physiology and biochemistry of waterlogging tolerance in plants. *Biologia Plantarum* **52** 401412.

Sairam RK, Srivastava GC 2002: Changes in antioxidant activity in sub-cellular fraction of tolerant and susceptible wheat genotypes in response to long term salt stress. *Plant Science* **162** 897-904.

Sandeep S, Bharathi M, Reddy VN 2017: Análise de componentes principais em consanguíneos de milho *(Zea mays* L.) *Ambiente e ecologia* **5** 2008-2013.

Sasidharan R, Bailey-Serres J, Ashikari M, Atwell BJ, Colmer TD,Fagerstedt K 2017. Recomendações da comunidade sobre terminologia e procedimentos utilizados na investigação sobre inundação e baixo stress de oxigénio. *New Phytologist* **214** 1403-1407.

Sasidharan R, Voesenek LACJ 2015: Aclimatações mediadas por etileno ao stress de inundação. *Fisiologia Vegetal* **169** 3-12.

Sattanarayana E, Sai Kumar R 1996: Variabilidade genética de componentes de rendimento e maturidade em híbridos de milho. *Investigação atual* **25** 10-11.

Sauter M 2013: Respostas da raiz ao alagamento. *Opinião atual em Biologia Vegetal* **16** 282286

Scandalios JG 1993: Oxygen stress and superoxide dismutase. *Fisiologia Vegetal* **101(1)** 7.

Sharma V, Pawar IS, Munjal R 2006: Variability parameters, correlation and path coeffcients for yield, its components and quality traits in bread wheat. *National Journal of Plant Improvement* **8(2)** 153-155.

Shaw RH 1988: Requisitos climáticos. In: Sprague G.F., Dudly J.W eds. Corn and Corn 638, Paliwal RL & Cantrell RP 1996: Maize in the Third World (Milho no Terceiro Mundo). Westview Press, Boulder, EUA.

Shiono K, Ogawa S, Yamazaki S, Isoda H, Fujimura T, Nakazono M, Colmer TD 2011: Dinâmica contrastante do radical O_2^- indução de barreira de perda e formação de aerênquima em raízes de arroz de dois comprimentos. *Anais de Botânica* **91** 255-261.

Shiono K, Takahashi H, Colmer TD, Nakazono M 2008: Papel do etileno nas aclimatações para promover o transporte de oxigénio nas raízes das plantas em solos alagados. *Ciência das Plantas* **175** 52-58.

Shukla RK, Raha S, Tripathi V, Chattopadhyay D 2006: A expressão de CAP2, um fator de transcrição da família APETALA2 do grão-de-bico, aumenta o crescimento e a tolerância à desidratação e ao stress salino no tabaco transgénico. *Plant Physiology* **142** 113-123.

Singh N, Pradhan HS 2000: Character association in grain maize. *Ambiente e ecologia* **18** 962-965.

Singh RK, Chaudhary BD 1985: *Métodos biométricos na análise genética quantitativa.* Edição revista. Kalyani pub. Ludhiana. New Delhi. 318p.Singh K, Gupta G, Ghangal R 2017: Soilless cultivation, its various types and applications in agricultural and pharmaceutical sector.

Sleper DA, Poehlman JM 2006: *Breeding field crops* (No. Ed. 5). Blackwell Publishing.

Smith LI 2002: Um tutorial sobre análise de componentes principais, fevereiro de 2002. *URL http://www. cs. otago.acnz/cosc453/student_tutorials/principal_ components. pdf. (URL acedido em 27 de janeiro de 2020).*

Striker GG 2012: *Stress de inundação em plantas: respostas anatómicas, morfológicas e fisiológicas*. In: Mworia J (Editores) Botânica. Intech, Rijeka. pp. 3-28.

Subbaiah CC, Sachs MM 2003: Molecular and cellular adaptations of maize to flooding stress. *Annals of Botany* **90** 119-127.

Suralta RR, Yamauchi A 2008: Crescimento radicular, desenvolvimento de aerênquima e transporte de oxigénio em genótipos de arroz sujeitos a seca e encharcamento. *Botânica Experimental Ambiental* **64** 5-82.

Tang B, Shang-Zhong XU, Zou XL, Zheng YL, Qiu FZ 2010: Alterações das enzimas antioxidantes e da peroxidação lipídica nas folhas e raízes de genótipos de milho tolerantes ao alagamento e sensíveis ao alagamento na fase de plântula. *Agricultural Science of China* **9(5)** 651-66.

PNUD e FAO 1988: Land Resources Appraisal of Bangladesh for Agricultural Development. Relatório 2: Região agro-ecológica do Bangladesh.

Velikova V, Yordancv I, Edreva A 2000: Stress oxidativo e alguns sistemas antioxidantes em plantas de feijão tratadas com chuva ácida. Papel protetor das poliaminas exógenas. *Plant Science* **151** 59-66.

Voesenek LACJ, Bailey-Serres J 2013: Tolerância a inundações: Sensoriamento de O2 e estratégias de sobrevivência. *Opinião atual sobre Biologia Vegetal* **16** 647-650.

Vwioko E, Adinkwu O, El-Esawi MA 2017: Respostas fisiológicas, bioquímicas e genéticas comparativas ao estresse prolongado de alagamento em quiabo e milho, dado o priming de etileno exógeno. *Fronteiras em Fisiologia* **8** 632.

Watson L, Dallwitz MJ 1992: Géneros de gramíneas do mundo: Descrições, ilustrações, identificação e recuperação de informação; incluindo sinónimos, morfologia, anatomia, fisiologia, fotoquímica, citologia, classificação, agentes patogénicos, distribuição mundial e local e referências. Versão: 18 de agosto de 1999.

Wegner LH 2010: *Transporte de oxigénio em plantas encharcadas*. In: Mancuso S, Shabala S (Editores), waterlogging signaling and tolerance in plants. Springer, Berlim. pp. 322.

Yadav DK, Srivastava JP 2017: Mudanças temporais nas atividades bioquímicas e de enzimas antioxidantes no milho (*Zea mays* L.) sob estresse de alagamento durante o estágio inicial de crescimento. *Revista Internacional de Microbiologia Atual e Ciências Aplicadas* **6** 351-362.

Yordanova RY, Christov KN, Popova LP 2004: Antioxidative enzymes in barley plants subjectedto soil flooding. *Botânica Experimental Ambiental* **51** 93-101.

Zaidi PH, Maniselvan P, Srivastava A, Singh RP, Singh NN, Srinivasan G 2007a: Association between line *per se* and hybrid performance under excessive soil moisture stress in tropical maize (*Zea mays* L.). *Field Crop Research* **101** 117126.

Zaidi PH, Maniselvan P, Srivastava A, Yadav P, Singh RP 2010: Análise genética da tolerância ao encharcamento em milho tropical ((*Zea mays* L.). *Maydics* **55** 17-26.

Zaidi PH, Mehrajuddin, Jat ML, Pixley K, Singh RP, Dass S 2009: Resilient maize for improved and stable productivity of rain-fed environment of South and South-East Asia: Maize for Asia - Emerging Trends and Technologies. *Procedimentos 10th Asian Regional Maize Workshop, 20-23 de outubro de 2008, Makassar, Indonésia (no prelo).*

Zaidi PH, Rafique S, Rai PK, Singh NN, Srinivasan G 2004: Tolerância ao excesso de humidade no milho (*Zea mays* L.): Fases da cultura susceptíveis e identificação de genótipos tolerantes. *Field Crops Research* **90 (2-3)** 189-202.

Zaidi PH, Rafique S, Singh NN 2003: Response of maize (*Zea mays* L.) genotype to excess

moisture stress: morpho -physiological effects and basis of tolerance. *Jornal Europeu de Agronomia* **19** 383-399.
Zaidi PH, Singh NN 2001: Effect of water-logging on growth, biochemical compositions and reproduction in maize (Efeito do encharcamento no crescimento, composição bioquímica e reprodução do milho). *Journal of Plant Biology* **28** 61-69.
Zaidi PH, Singh NN 2002: *Identification of morpho-physiological traits for excess soil moisture tolerance in maize.* In: KK Bora, K Singh, A Kumar (Editores), Stress and Environmental Physiology. Scientific publishers, Jodhpur, Índia. pp. 172-183.
Zhang G, Tanakamaru K, Abe J, Morita S 2007: Influência do encharcamento em algumas actividades enzimáticas antioxidativas de dois genótipos de cevada que diferem na tolerância à anoxia. *Ata Physiologiae Plantarum* **29** 171-176.
Zhang ZX, Jiang HW, Wei ZY, Zheng YL 2003: Estudo sobre a enzimologia na raiz de milho de raça pura após o stress do encharcamento. *Ciências Agrícolas de Hubei* **3** 25-27.
Zheng C, Jiang D, Liu F, Dai T, Jing Q, Cao W 2009: Effects of salt and waterlogging stresses and their combination on leaf photosynthesis, chloroplast ATP synthesis, and antioxidant capacity in wheat. *Ciência das Plantas* **176** 575-582.
Zubairi Z, Saeed Z, Nazir A, Saddique S, Chaudhury F, Saeed S 2012: O registo de água é um problema grave para o crescimento do milho (*Zea mays* L.). *Revista internacional de recursos hídricos e ciências ambientais* **1(4)** 109-112.

APÊNDICES

APÊNDICE I Comparação das médias dos caracteres morfológicos e bioquímicos de dez genótipos de milho entre dois tratamentos

Caraterísticas	**Controlo**	**Tratamento**	**Média**
PH 3DAT	53.73	57.37	55.55
PH 6DAT	59.89	63.07	61.48
PH 9DAT	65.90	67.65	66.77
NL 3DAT	7.846	7.90	7.874
NL 6DAT	8.544	7.39	7.97
NL 9DAT	9.027	7.03	8.02
RM	11.19	34.44	22.81
CC	44.20	30.35	37.27
LA 3DAT	1529.97	1680.69	1605.33
LA 6DAT	1831.11	2056.9	1944.05
LA 9DAT	1701.17	1963.5	1832.35
H2O2	0.58	1.58	1.08
POD	3.36	4.63	3.99
APX	0.68	1.11	0.89

PH 3DAT= Altura da planta 3 dias após o encharcamento, PH 6DAT= Altura da planta 6 dias após o encharcamento, PH 9DAT= Altura da planta 9 dias após o encharcamento, NLL 3DAT= Número de folhas vivas 3 dias após o encharcamento, NLL 6DAT= Número de folhas vivas 6 dias após o encharcamento, NLL 9DAT= Número de folhas vivas 9 dias após o encharcamento, MR= taxa de mortalidade percentual (%), LA 3DAT= Área foliar 3 dias após o encharcamento, LA 6DAT= Área foliar 6 dias após o encharcamento, LA 9DAT= Área foliar 9 dias após o encharcamento, H2O2= Peróxido de hidrogénio, POD= Peroxidase, APX= Ascorbato peroxidase

APÊNDICE II Comparação de médias entre dez genótipos de milho para caraterísticas morfológicas

Genótipo	PH 3DAT	PH 6DAT	PH 9DAT	NL 3DAT	NL 6DAT	NL 9DAT	RM	CC	LA 3DAT	LA 6DAT	LA 9DAT
G1	64.49	70.89	78.92	8.9	8.9	8.5	23.44	44.94	2202	3138	2979
G2	61.65	66.71	73.29	8.034	7.897	7.931	27.71	37.76	2554	3488	3006
G3	64.67	72.72	76.03	7.724	8	7.867	29.69	33.59	2301	1690	2140
G4	53.24	59.21	62.68	9.167	9.333	9.4	22.47	34.92	1921	2146	2682
G5	58.73	63.87	70.1	8.4	8.1	8.1	27.05	38.13	1645	1880	2358
G6	55.79	61.9	68.7	7.889	8	8	22.72	37.99	1896	1546	1299
G7	53.31	59.09	63.81	7.586	7.552	8	23.69	39.57	979.9	892	977
G8	42.67	47.2	51.57	6.391	6.364	6.696	23.13	31.26	1011	1542	1105
G9	50	56.52	60.84	7.045	7.435	7.609	21.84	36.47	1035	1281	1213
GIO	50.83	56.38	61.46	7.643	8.179	8.214	18.36	38.38	1262	2966	1876
Mínimo	42.67	47.2	51.57	6.391	6.364	6.696	18.36	31.26	979.9	892	977
Máximo	64.67	72.72	78.92	9.167	9.333	9.4	29.69	44.94	2554	3488	3006
Média	55.538	61.449	66.74	7.8779	7.976	8.0317	24.01	37.301	1680.69	2056.9	1963.5

PH 3DAT= Altura da planta aos 3 dias após o tratamento, PH 6DAT= Altura da planta aos 6 dias após o tratamento, PH 9DAT= Altura da planta aos 9 dias após o tratamento, NL 3DAT= Número de folhas vivas aos 3 dias após o tratamento, NL 6DAT= Número de folhas vivas aos 6 dias após o tratamento, NL 9DAT= Número de folhas vivas aos 9 dias após o tratamento, MR= Taxa de mortalidade, CC= Teor de clorofila, LA 3DAT= Área foliar aos 3 dias após o tratamento, LA 6DAT= Área foliar aos 6 dias após o tratamento, LA 9DAT= Área foliar aos 9 dias após o tratamento

APÊNDICE III Comparação de médias entre genótipos de milho para caraterísticas bioquímicas

Genótipo	H2O2	POD	APX
G1	0.684	6.97	0.331
G2	0.876	4.134	1.501
G3	1.088	3.837	0.329
G4	0.539	3.382	0.365
G5	1.513	3.264	0.862
G6	1.436	3.14	0.963
G7	0.693	4.495	0.944
G8	1.472	5.254	2.389
G9	1.077	3.157	0.838
G10	1.42	2.35	0.424
Mínimo	0.539	2.35	0.331
Máximo	1.513	6.97	2.389
Média	1.0798	4.930	1.167

Aqui, H2O2= Peróxido de hidrogénio, POD= Peroxidase, APX= Ascorbato peroxidase

MIX
Papier aus verantwortungsvollen Quellen
Paper from responsible sources
FSC® C105338

Printed by Books on Demand GmbH, Norderstedt / Germany